超可爱贴布缝的童

徐韡祯　著

欢迎光临，我们的童话王国！！

河南科学技术出版社
·郑州·

拼布是一个游戏

徐綝祯Pany

- 拼布资历10年以上
- 以温暖可爱的贴布风格拥有超多粉丝的人气网络手作家
- 《巧手易》拼布杂志签约合作老师
- 设计理念：拼布就是要有趣，才好玩！
- 出版《一缝就成的拼布小物》、《一缝就成的拼布小物2》等
- 麟育拼布http://ling-yu.idv.tw

序

谢谢你花时间给这本书，我是Pany！在我的人生中很幸运地能把兴趣与工作结合，在外人看来我在工作上一直很顺利、愉快，但其实在设计制作作品时常会有许多事需要考虑而陷入痛苦，这次很高兴能出版一本作品集，向我所喜爱的童话人物致敬，我只需要考虑如何把我的图稿完成，让我充分享受了飞速制作的乐趣。

作品以贴布方式呈现图案，但我并非全部以传统手缝贴布，也运用了奇异衬及机缝来让作品以我想要的方式呈现。若你喜欢书里的作品，请你也用你擅长的方式完成吧！快乐享受成就感是最重要的。感谢帮我完成此书的所有伙伴，也再一次感谢所有曾在我生命中出现的人、事、物，这本书就是为了你们才诞生的。对！就是你哦！

Pany 2011

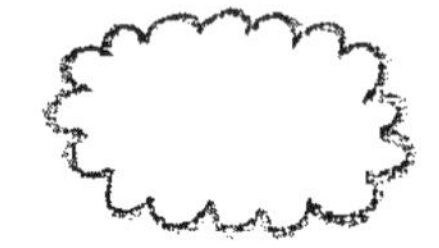

目录

很久很久以前

有一天

从此以后

要开始说故事啰！

Milk
很久很久以前
有一个小女孩……
Milk

卖牛奶的女孩・钥匙零钱包

A Little Milk Girl

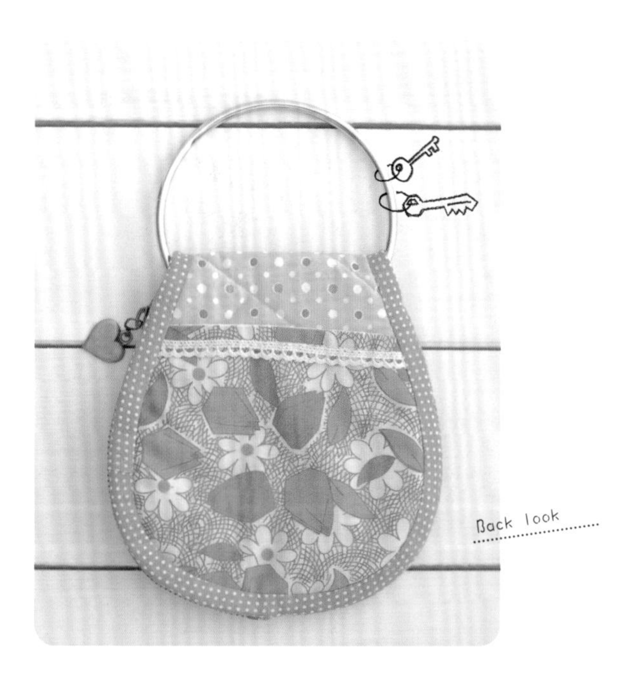

爱心造型的拉链头设计，
可爱度UP UP！

我只是想要发大财而已！

得意忘形的女孩，一不小心打翻了可以换来漂亮洋装的牛奶，而我们随着年龄的增长，是否因为过度保护心中的牛奶而遗忘最纯粹的梦想呢?

钥匙零钱包做法请参考 P.76、77“白雪公主・钥匙零钱包”
尺寸：约 12.5cm×13.5cm

※ 本作品使用布料

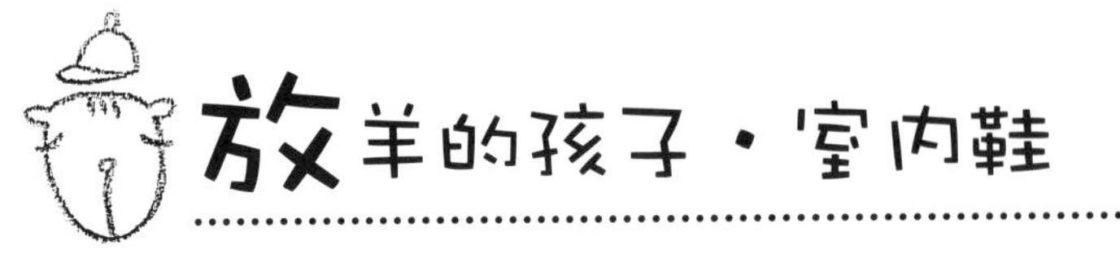

放羊的孩子・室内鞋

The Boy Who Cried Wolf

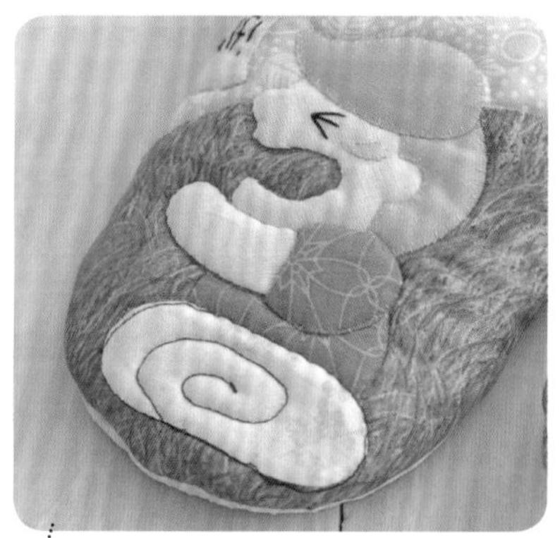

喂！你搞错了吧！不能因为我不乖就吃我，你应该吃羊的。

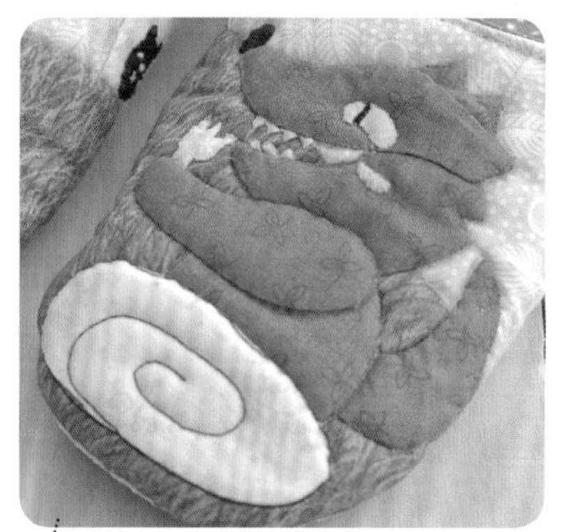

别跑！不乖乖放羊，我要代替月亮来惩罚你。

放羊的孩子总是被大人们当成反面教材，臭名昭著，也许孩子只是想要引起大人们的关注，为何却永远得不到需要的保护？

室内鞋做法请参考 P.82、83
尺寸：约 11cm×24cm

※ 本作品使用布料

狮子与老鼠·笔袋

The Lion and The Mouse

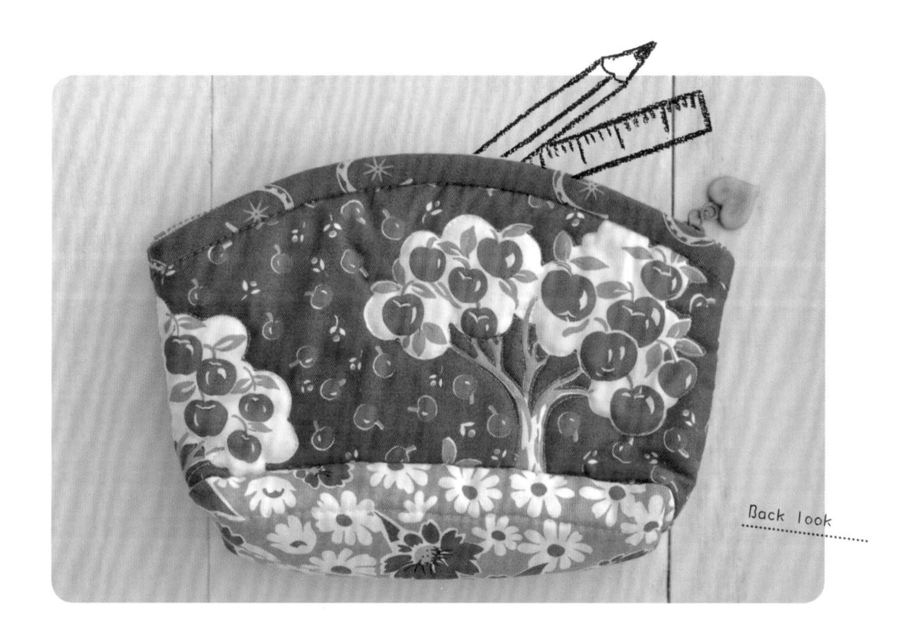

敌人与朋友的界线平时分不清楚，唯有在紧要的关头，你才知道是被敌人拯救了，还是遭朋友背叛了。

笔袋做法请参考 P.81 “穿长靴的猫・笔袋”
尺寸：约 18cm×11.5cm×4cm

※ 本作品使用布料

龟兔赛跑·短夹

The Tortoise and The Hare

加油！
加油！
加油！

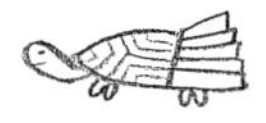

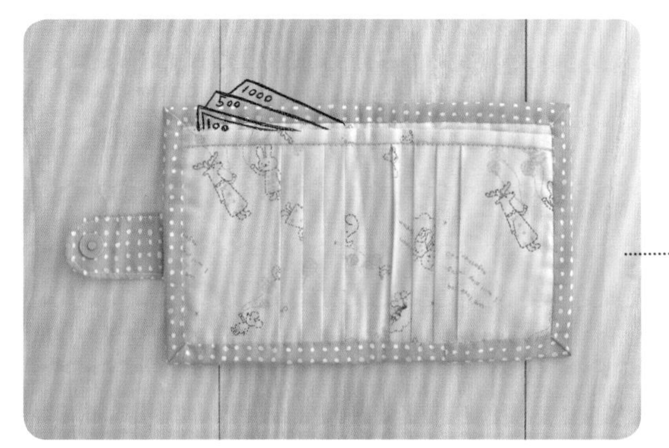

展开图

哦……乌龟，这只是预赛而已！

喔耶！我赢了

兔子与乌龟的起跑点不可能一样，跑得快的兔子不一定最优秀，跑得慢的乌龟也不见得永远居后，找出自己独一无二的特质，每个人都是赢家。

短夹做法请参考 P.70 ~ 72“小木偶奇遇记・短夹”
尺寸：19.5cm × 12cm(展开)

※ 本作品使用布料

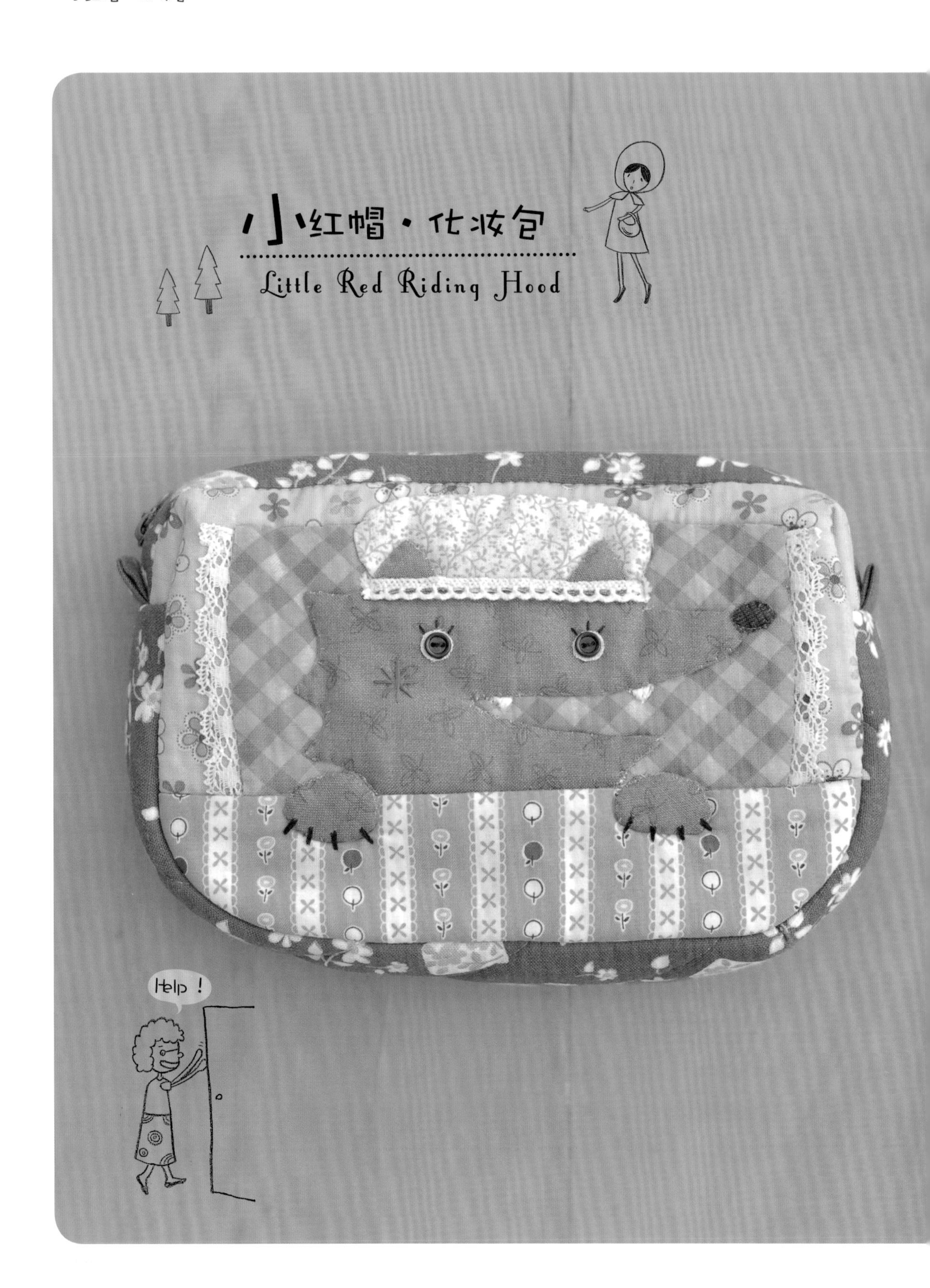

小红帽・化妆包
Little Red Riding Hood
Help !

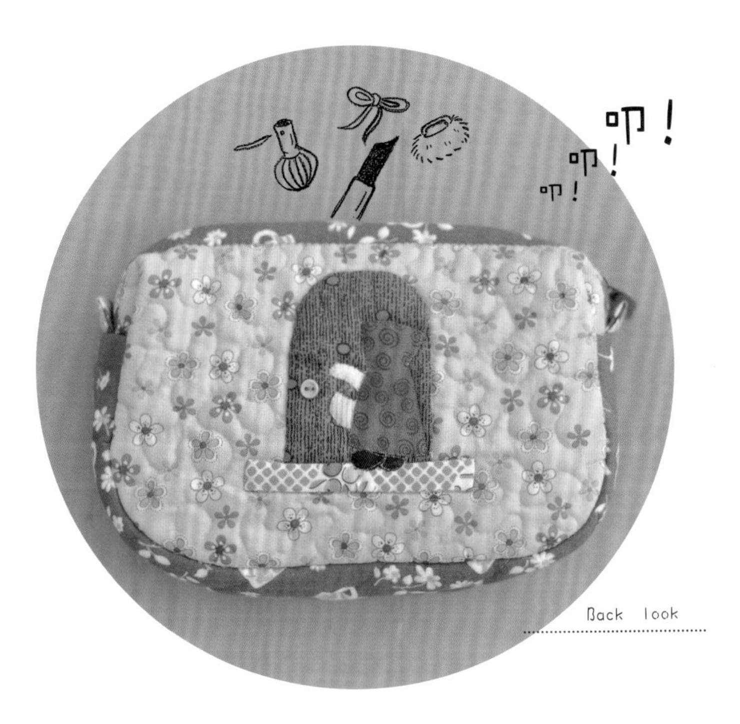

哈哈！这种伪装连我自己都佩服。

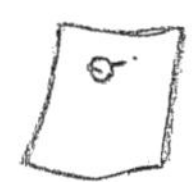
我们无法阻止狡猾的大灰狼的出现，却可以学习小红帽过人的智慧与胆识，迎战生命中的所有挫折与苦涩。

化妆包做法请参考 P.78、79“国王的新衣·化妆包”
尺寸：16cm×12cm×5cm

※ 本作品使用布料

阿拉丁·相机袋

Aladdin

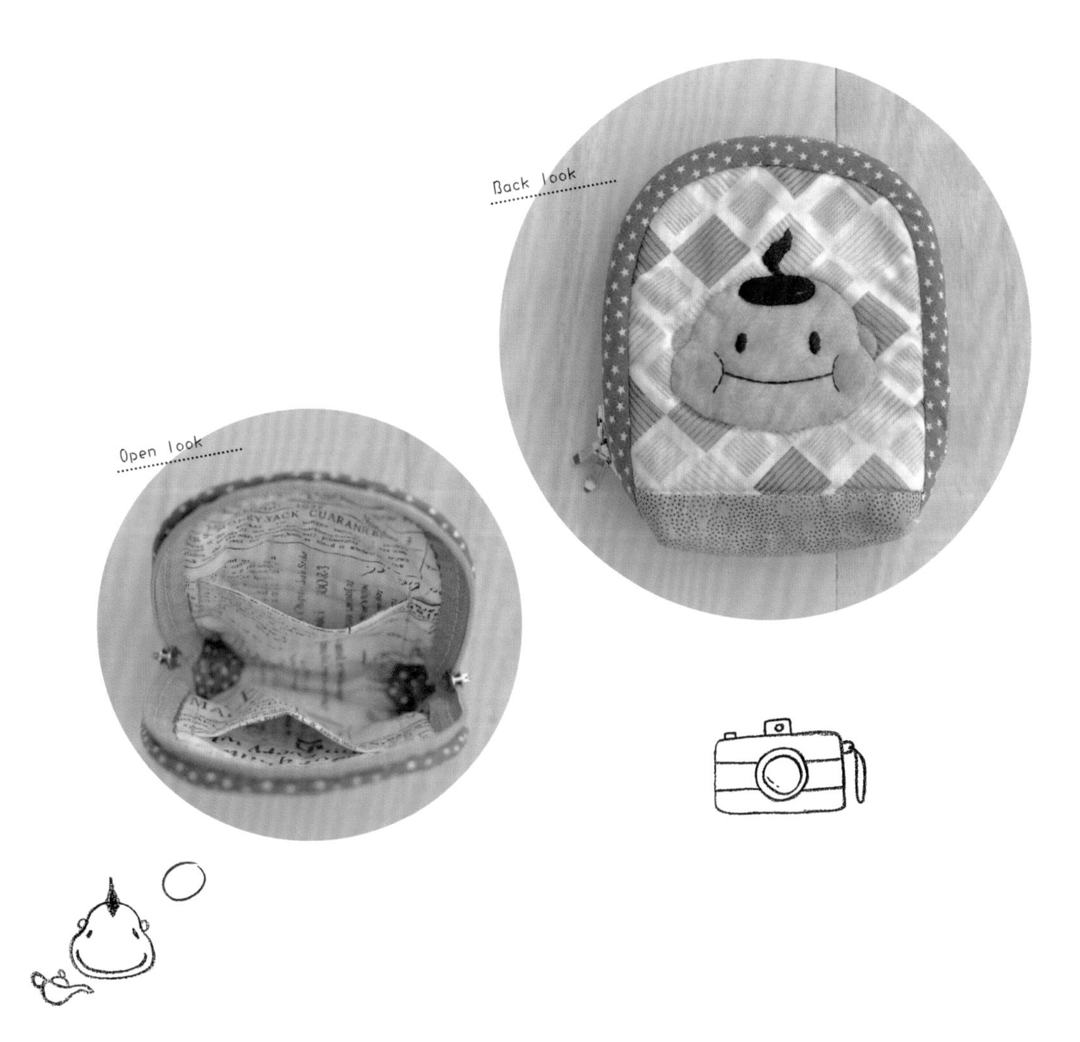

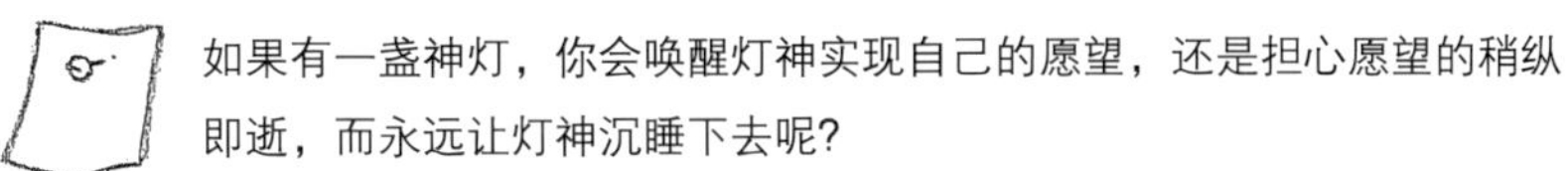

如果有一盏神灯，你会唤醒灯神实现自己的愿望，还是担心愿望的稍纵即逝，而永远让灯神沉睡下去呢？

相机袋做法请参考 P.84“爱丽丝梦游仙境・毛虫・相机袋”
尺寸：10cm×12cm

※ 本作品使用布料

杰克与豌豆·小提袋
Jack and The Beanstalk
sprout
plant
plant

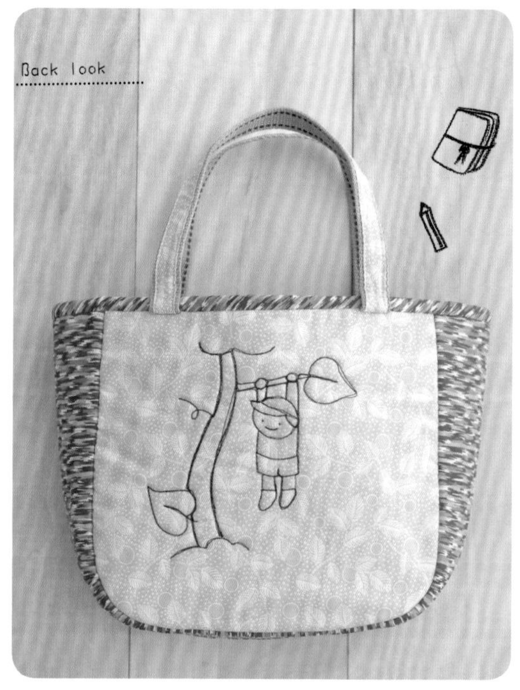

如果每个人都有一棵巨大的豌豆树，都能轻松地偷走巨人的宝物，那就不必努力工作了吧！杰克是不是忘了告诉我们，他有多努力战胜心底的恐惧，才打败了魔鬼般的巨人？

小提袋做法请参考 P.86、87 “绿野仙踪・小提袋”
尺寸：约 32cm×20cm×10cm

※ 本作品使用布料

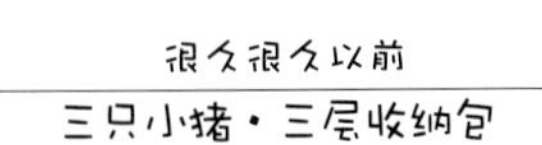

三只小猪・三层收纳包

The Three Little Pigs

学习猪小弟的智慧，是我们读“三只小猪的故事”的最大启示，但是，猪大哥和猪二哥学会了吗?

三层收纳包做法请参考 P.73 ~ 75“阿拉丁・三层收纳包”
尺寸：19.5cm×12.5cm

※ 本作品使用布料

三只小猪·随身卡套

The Three Little Pigs

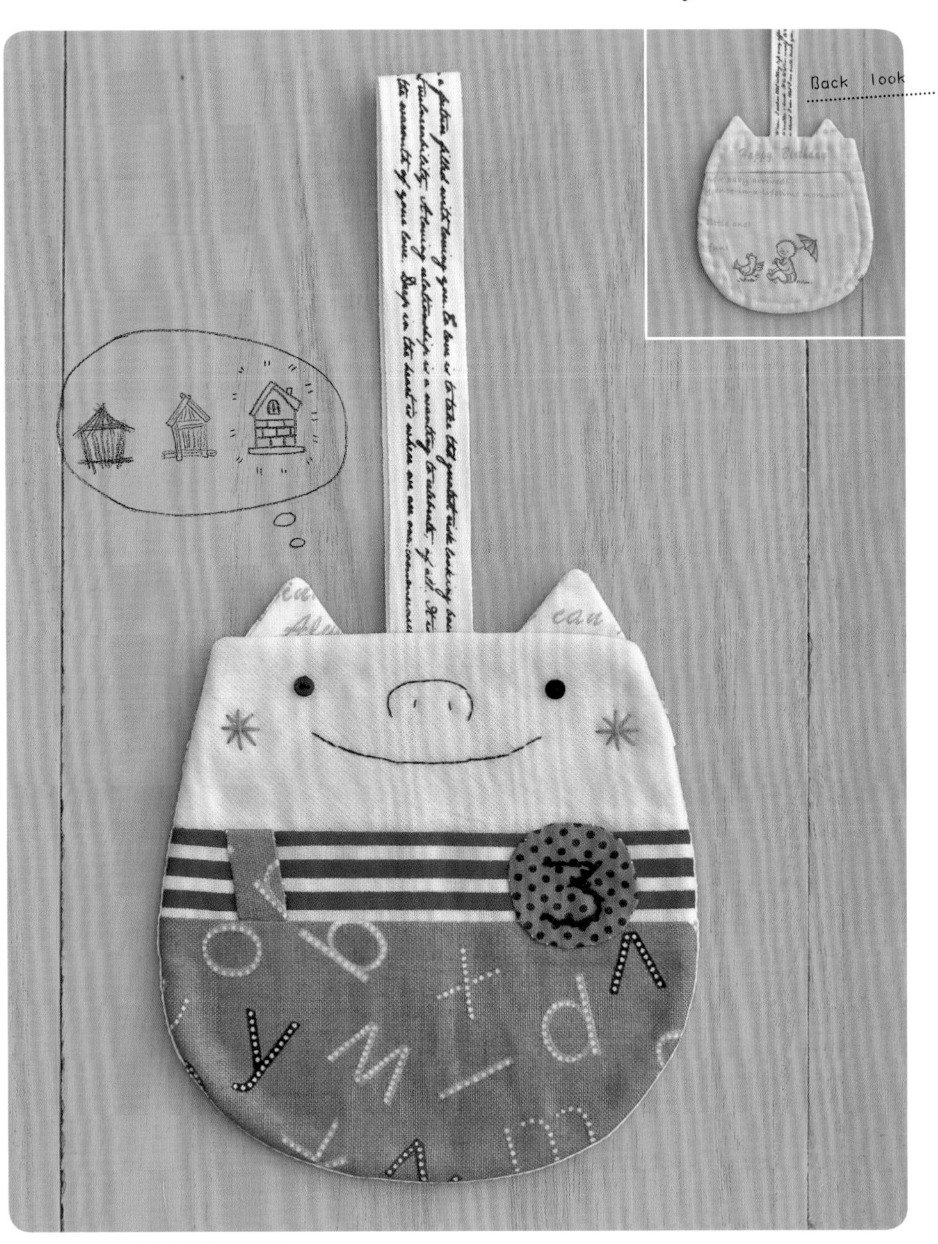

随身卡套做法请参考 P.85
尺寸：约 10.5cm×11cm

※ 本作品使用布料

有一天
他遇见了王子……

我爬，嘿嘿！
长发公主・大提袋
Rapunzel

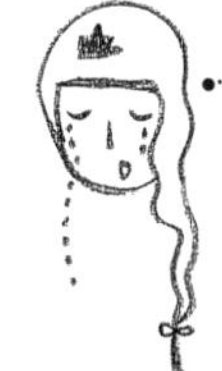

希望你是个瘦瘦的王子，不然我会非常地吃力！

每个举世闻名的公主都有不同的特质，长发公主用她长长的头发拉出一段罗曼蒂克的爱情故事。而我们是否也该探索自己独一无二的特质，写下动人的童话故事？

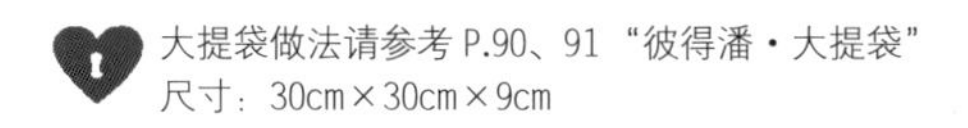

大提袋做法请参考 P.90、91 “彼得潘・大提袋”
尺寸：30cm×30cm×9cm

※ 本作品使用布料

青蛙王子·钥匙包

The Frog Prince

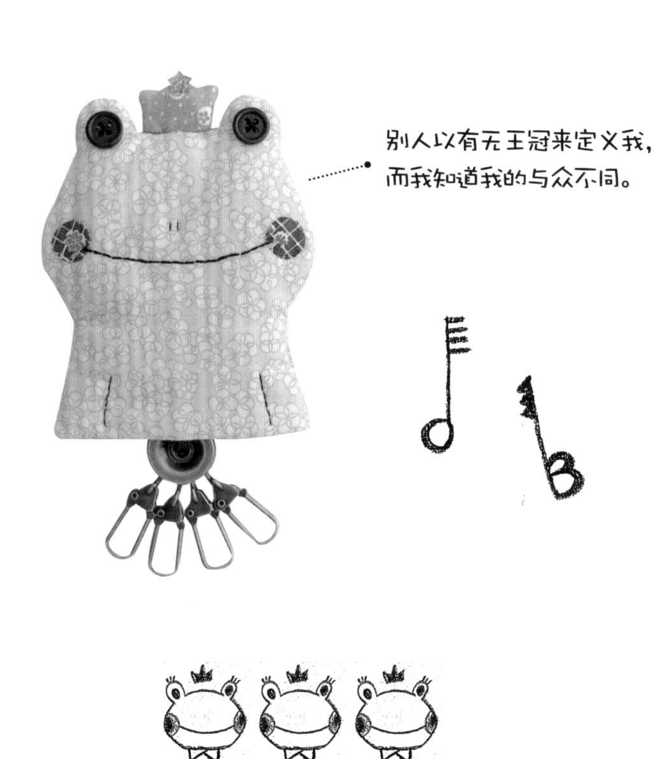

我们都无可避免地成为感官动物，只是在感官的刺激之余，也别忘了追求纯净的心灵，发现青蛙王子美丽的内在。

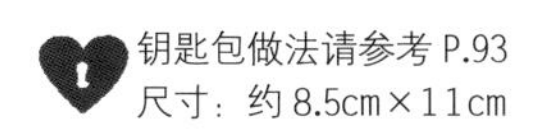

钥匙包做法请参考 P.93
尺寸：约 8.5cm×11cm

※ 本作品使用布料

国王的驴耳朵·口金包

The King with Donkey's Ears

为什么他们都不懂我的新造型?

每个人都有秘密，尊重别人保守秘密的权利，人与人之间才会越靠越近。

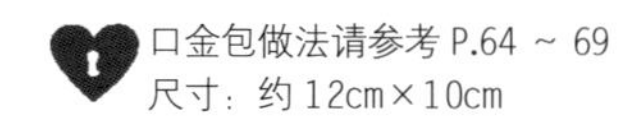

口金包做法请参考 P.64 ~ 69
尺寸：约 12cm×10cm

※ 本作品使用布料

糖果屋·小提袋

Candy Room

缤纷糖衣包裹着邪恶的力量，很多事情往往不同表面的想象，唯有身临其境地冒险，才能体会出滋味。

小提袋做法请参考 P.86、87“绿野仙踪·小提袋”
尺寸：约 32cm×20cm×10cm

※ 本作品使用布料

七只小羊・眼镜口金包
Seven Lambs
这样，大灰狼真的找不到我吗？

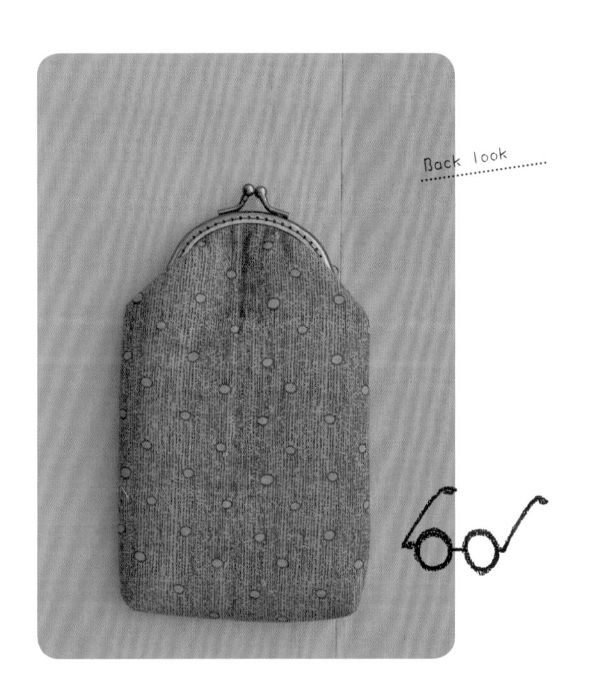

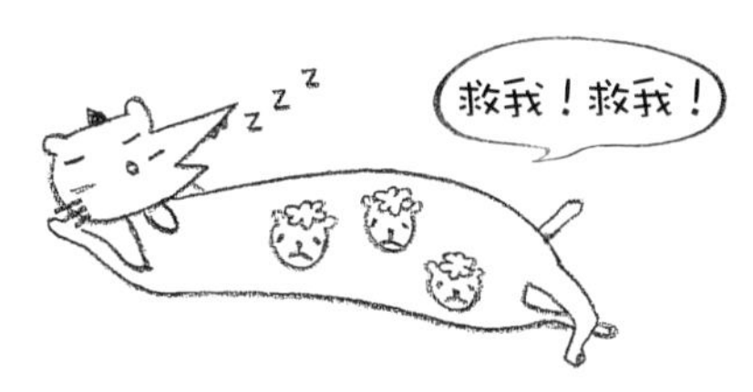

童话世界里，被欺负的总是小羊，坏人的角色则总是大灰狼扮演，
现实世界里，可就不一定啰！

眼镜口金包做法请参考 P.92
尺寸：12cm×18cm

※ 本作品使用布料

穿长靴的猫·笔袋

Puss in Boots

聪明的穿长靴的猫靠着过人的智慧，帮助主人和自己成为王公贵族，固然可敬，然而如果每个人都想要不劳而获，那生命还有什么存在的意义？

笔袋做法请参考 P.81
尺寸：约 18cm×11.5cm×4cm

※ 本作品使用布料

豌豆公主·化妆包
The Princess and The Pea

可爱的蕾丝拉链设计

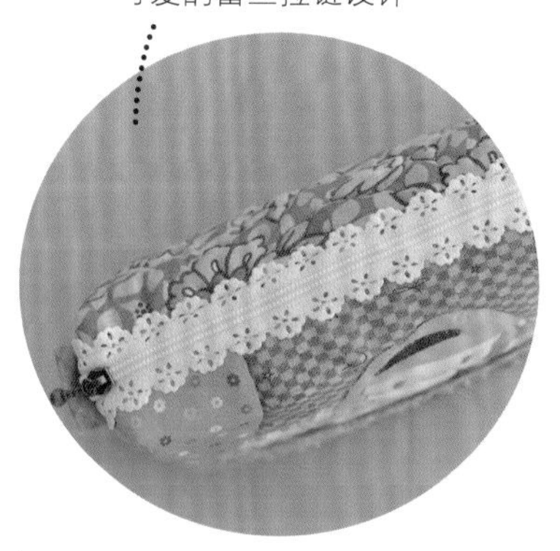

哦！是那个侍女帮我作弊，
这个豆子未免也太大了。

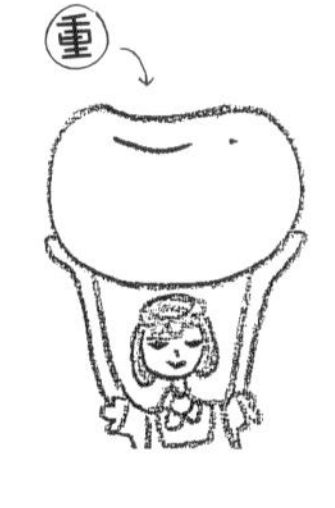

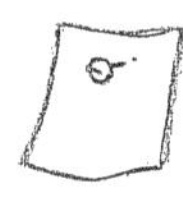

童话国度里的可能性，往往天马行空，用一颗小豌豆测试公主的聪明才智，倒令人好奇皇后的思考逻辑如何运作，能想出如此妙计……

化妆包做法请参考 P.78、79“国王的新衣・化妆包”
尺寸：16cm×12cm×5cm

※ 本作品使用布料

拇指姑娘・三层收纳包

Thumelina

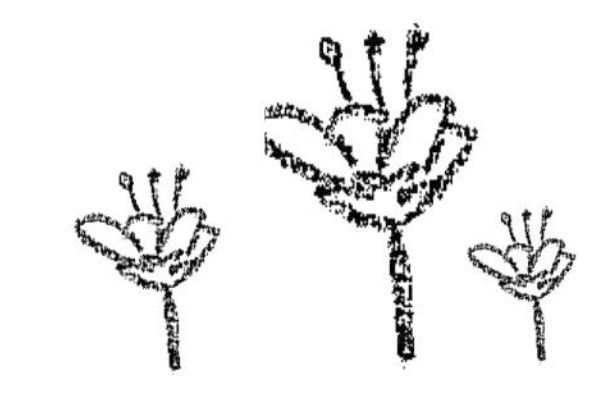

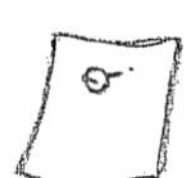

把自己变成 1cm 的小人，潜入生活中的小缝隙，感受拇指姑娘眼中的世界，或许会是一场绮丽的冒险。

三层收纳包做法请参考 P.73 ~ 75“阿拉丁・三层收纳包”
尺寸：19.5cm×12.5cm

※ 本作品使用布料

国王的新衣·钥匙零钱包
The Emperor's New Clothes

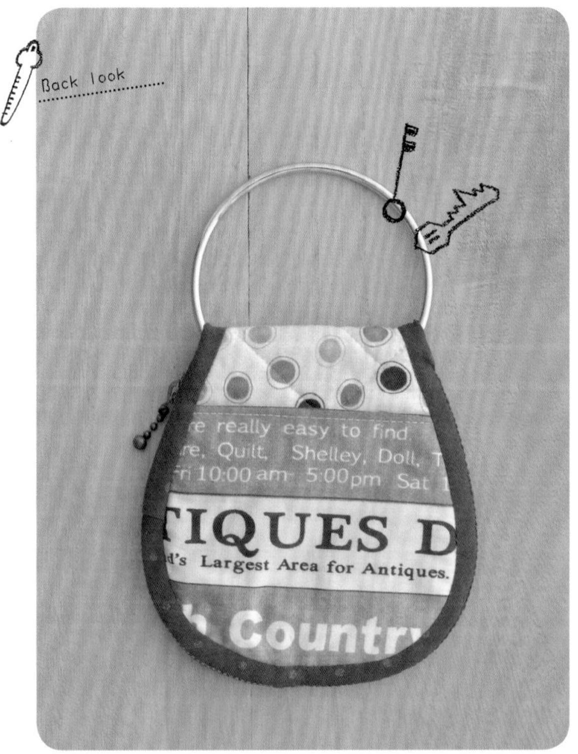

哦，童话世界里只有
我敢秀露点照！

有些时候，让自己穿上国王的新衣，暂时甩掉旁人的目光，专心做着自己喜欢的自己，好像也是很快乐的事情。

钥匙零钱包做法请参考 P.76、77 “白雪公主・钥匙零钱包”
尺寸：约 12.5cm×13.5cm

※ 本作品使用布料

小美人鱼·贝壳包

The Little Mermaid

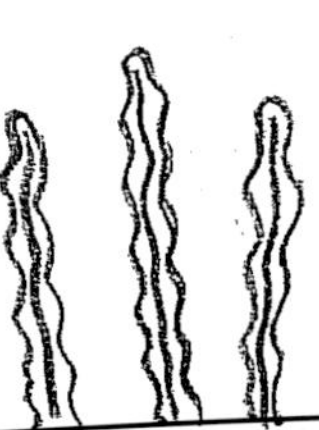

真可惜这不是会发声的书，不然我一定让你听听我美妙的歌声。

用美妙的歌声换一双脚，似乎是不够公平的条件，然而，是否也意味着甜美的果实总会伴随着不同程度的牺牲呢?

贝壳包做法请参考 P.88、89
尺寸：约 14.5cm×10cm×3.5cm

※ 本作品使用布料

小美人鱼·钥匙零钱包

The Little Mermaid

钥匙零钱包做法请参考 P.76、77“白雪公主·钥匙零钱包”
尺寸：约 12.5cm×13.5cm

※ 本作品使用布料

从此以后
过着幸福快乐的日子

卖火柴的小女孩・口金包
The Little Match Girl

我错了！
这个时代应该卖打火机的！

想象力是人类珍贵的宝藏，不妨效法卖火柴的小女孩，划一根火柴满足巨大的饥饿感，说不定还能顺便减肥呢！

口金包做法请参考 P.67 ~ 69“国王的驴耳朵・口金包”
尺寸：约 12cm×10cm

※ 本作品使用布料

爱丽丝梦游仙境・
毛虫・相机袋
Alice in Wonderland
Who are You?

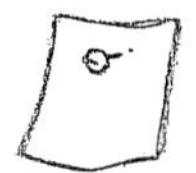

小毛虫，抽烟有害健康，你知道吗?

如果有一把打开异想世界的钥匙，你会像爱丽丝一样随着时间的漩涡冒险人生吗？还是在门外踌躇不前呢?

相机袋做法请参考 P.84
尺寸：10cm×12cm

※ 本作品使用布料

爱丽丝梦游仙境·爱丽丝与疯帽子·短夹

Alice in Wonderland

Open look

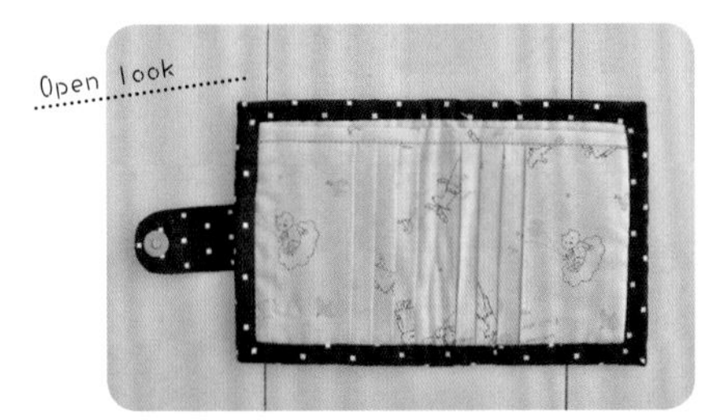

每天都有要庆祝的事，
你发现了吗？

短夹做法请参考 P.70 ~ 72“小木偶奇遇记·短夹”
尺寸：19.5cm×12cm(展开)

※ 本作品使用布料

爱丽丝梦游仙境·爱丽丝·化妆包

Alice in Wonderland

化妆包做法请参考 P.78、79“国王的新衣·化妆包”
尺寸：16cm×12cm×5cm

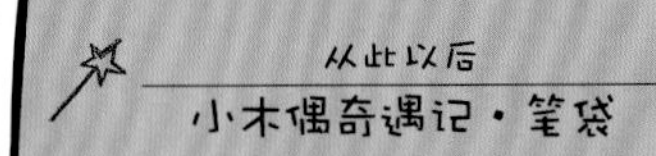

小木偶奇遇记・笔袋

The Adventures of Pinocchio

小时候，我们都被教导不能说谎，否则鼻子会像小木偶一样变长。长大以后，我们很清楚地知道不管说了多少的谎，鼻子都不会变长，终究，长鼻子的小木偶比我们更勇敢地面对自己的谎言。

笔袋做法请参考 P.81 “穿长靴的猫・笔袋”
尺寸：约 18cm×11.5cm×4cm

※ 本作品使用布料

绿野仙踪・小提袋&零钱包

The Wizard of OZ

每一个朋友，都是人生旅途的风景；而共同创造的回忆，就是一张张值得细细品味的相片了。

小提袋做法请参考 P.86、87
尺寸：约 32cm×20cm×10cm
零钱包做法请参考 P.80
尺寸：13.5cm×8cm

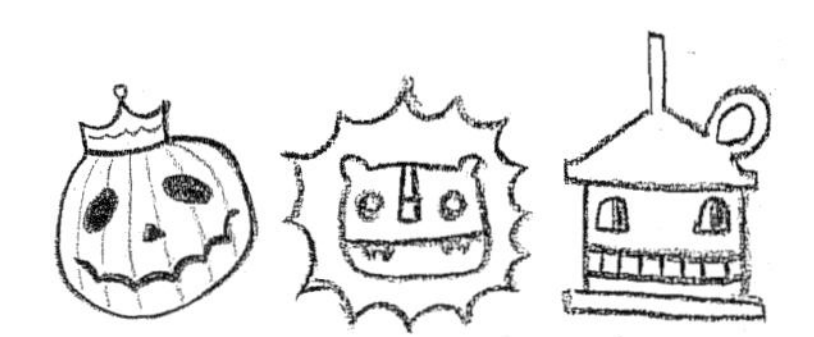

※ 本作品使用布料

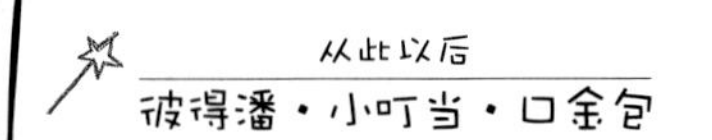

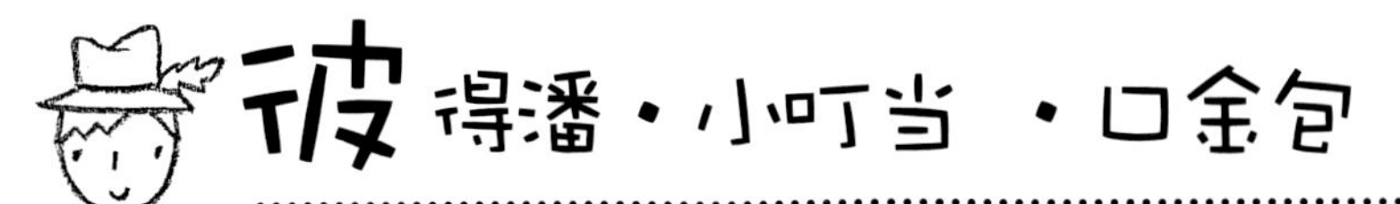

彼得潘·小叮当·口金包

Peter Pan

即使长大了，还是可以像个孩子一样，
快乐地怀抱自己最初的梦想。

口金包做法请参考 P.67 ~ 69 “国王的驴耳朵·口金包”
尺寸：约 12cm×10cm

Back look

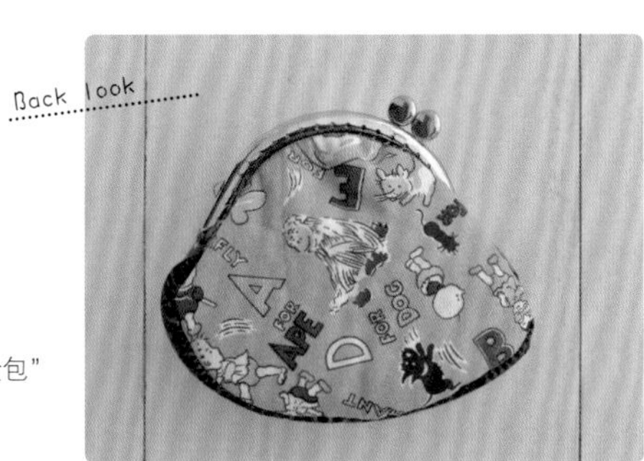

彼得潘·大提袋

Peter Pan

Back look

大提袋做法请参考 P.90、91
尺寸：30cm×30cm×9cm

※ 本作品使用布料

白雪公主・口金包
Snow White

其实我也没那么爱吃苹果啦！

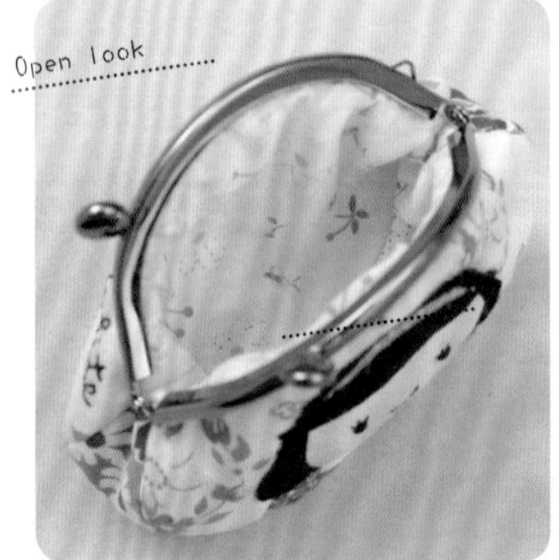

其实我很同情皇后，如果我身边也有个刺眼可人的公主，
我心中的魔鬼也会出现。

口金包做法请参考 P.67 ~ 69“国王的驴耳朵・口金包”
尺寸：约 12cm×10cm

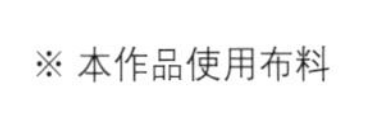

※ 本作品使用布料

故事说完啰，
谢谢大家！

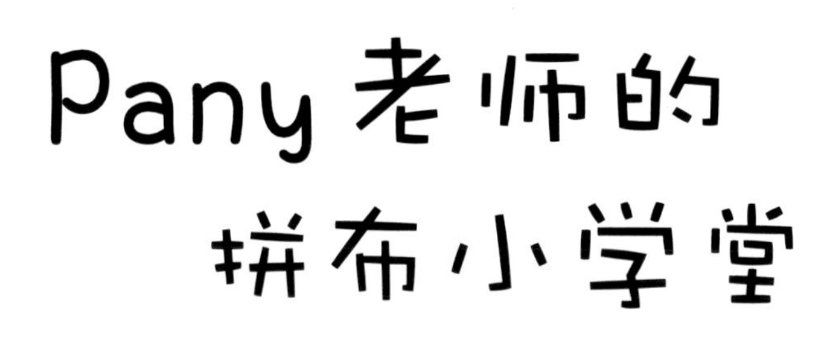

快跟着Pany老师详细的教学步骤，用拼布做出属于自己的童话故事吧！

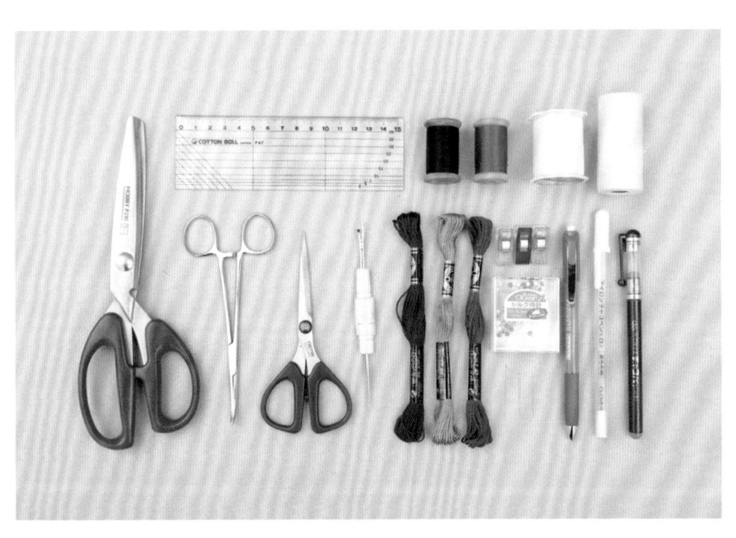

工具准备

锯齿剪刀、返里钳、布用剪刀、锥子、绣线、强力夹、珠针、手缝针、消失笔、缝份尺、贴布线、车缝线、手缝线

贴布缝与口金包做法

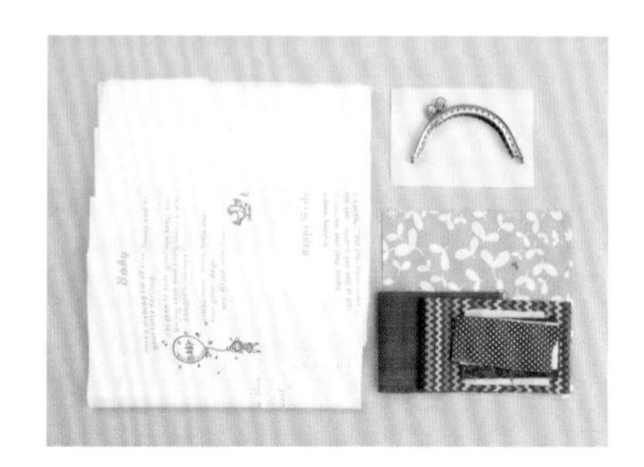

材料

贴布缝配色布数片
表袋布 15cm×30cm1片
表袋底布 8cm×25cm1片
里布、奇异衬、单胶铺棉 25cm×30cm 各1片
8cm 口金 1个

贴布缝

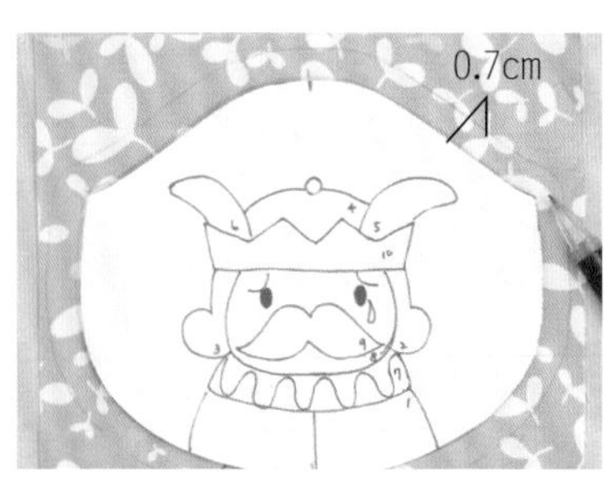

1 首先将表袋原尺寸纸型裁下，画在表袋布上并外加 0.7cm 缝份，做好记号。

2 如图将贴布图案的外形剪下，就可以把形状画在表布上并做好记号。

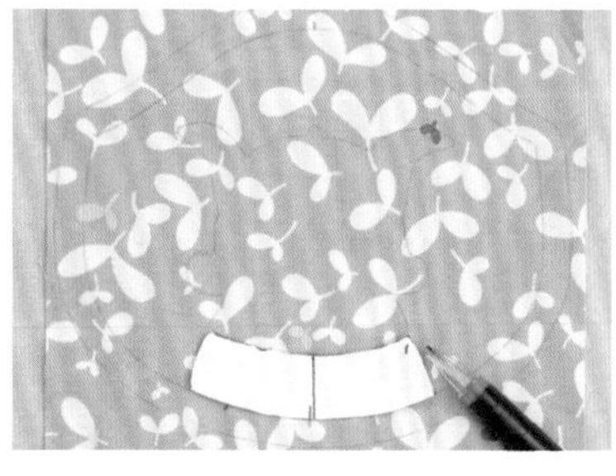

3 再把贴布纸型分解，将分解后的纸型依贴布顺序在表布上做记号。

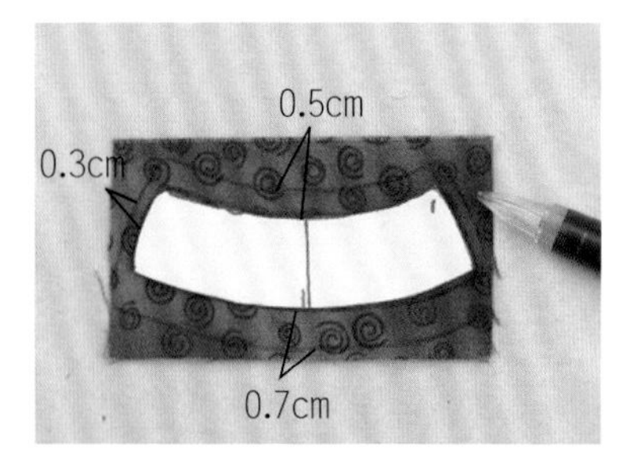

4 剪下的贴布纸型画在配色布上，收毛边的缝份只需留约 0.3cm，与布块重叠的缝份则需 0.5cm，袋身缝份为 0.7cm。

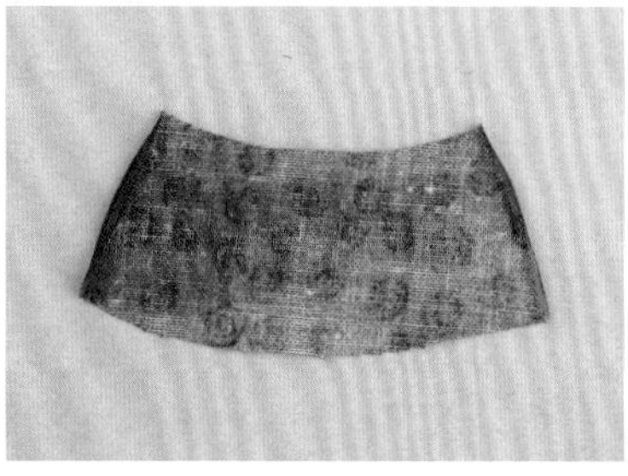

5 收左右两边的毛边，此处为贴布缝份，缝份约 0.3cm。

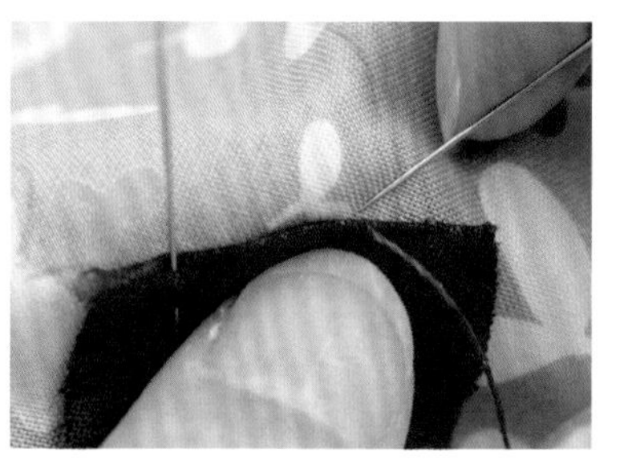

6 收入毛边后，依记号以贴布缝缝在表布上，使用与贴布块同色系的线来缝。

HOW TO MAKE

7 完成第 1 片的贴布缝。

8 再将其他贴布纸型如图分解。

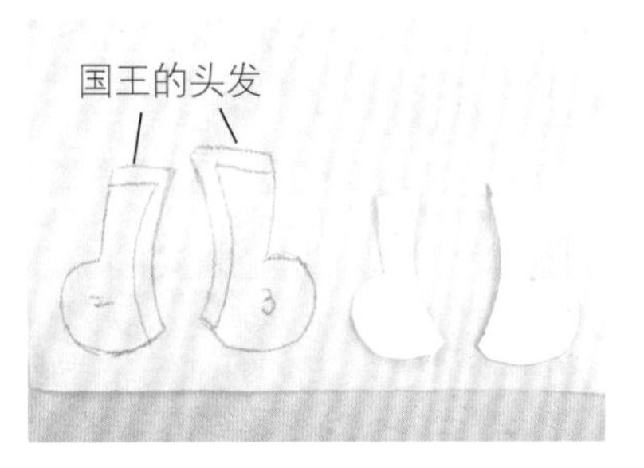

9 将贴布纸型背向奇异衬纸面，把外围完成线画上，在贴布块重叠的两边多画出 0.3cm 的记号。

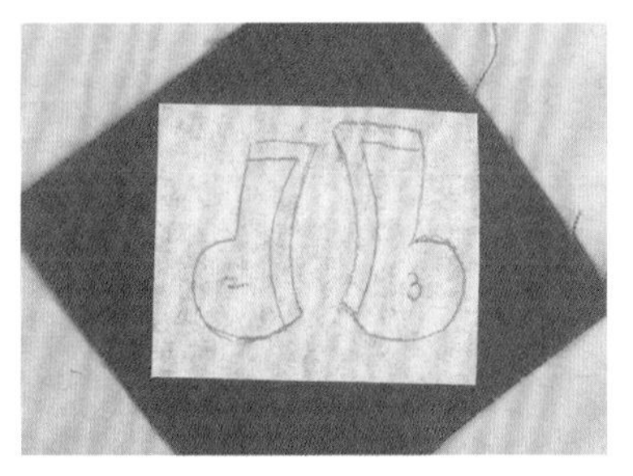

10 奇异衬有胶面对着配色布里，以熨斗用中高温烫上。

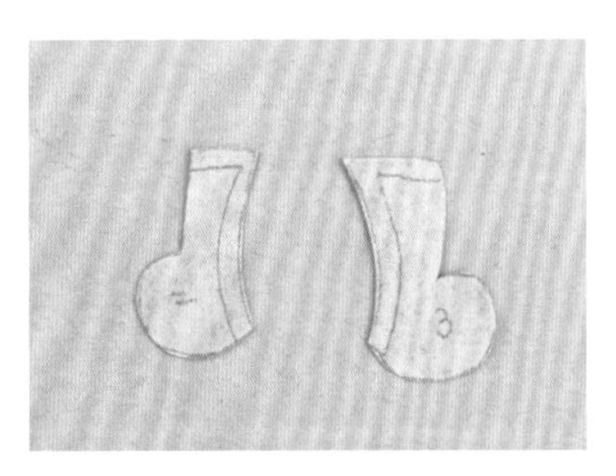

11 依轮廓记号将奇异衬连布一起剪下。

12 撕开奇异衬纸会看到胶已粘到布里。

※ 本书人物的头发多使用奇异衬完成。

13 再将配色布里（含胶面）对着表布贴布位置，用熨斗烫贴上，布块边缘贴布缝固定。

14 其他部分用相同方法先分解纸型，在表布上做记号。

15 贴布缝完成王冠的布面。

16 用奇异衬贴缝耳朵，贴布缝完成领子。

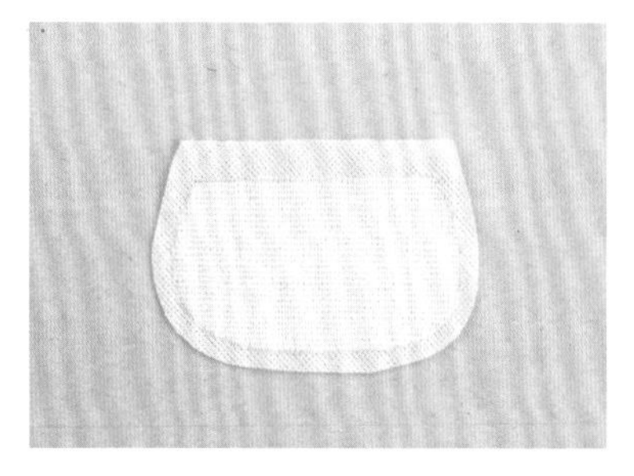

17 贴缝脸部，肤色布块因为薄而且色浅，贴布缝后会透出下面布的颜色，所以在贴布位置烫贴薄布衬，请注意缝份处不要烫布衬哦！

18 贴布缝完成脸部。

19 贴布缝完成王冠。

20 用奇异衬贴缝胡子。

21 依纸型在表布上画上表情。

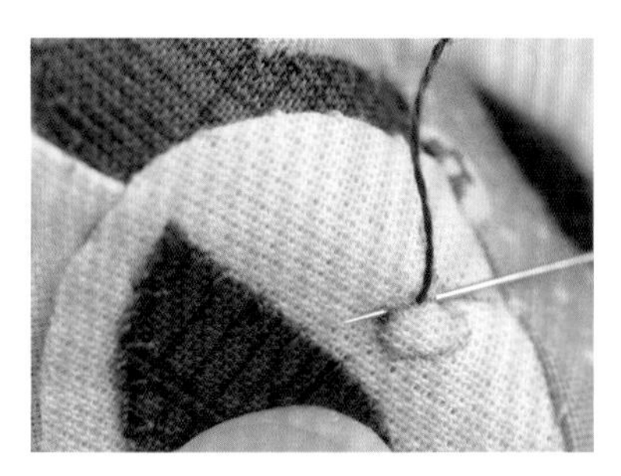

22 先以绣线单线回针缝缝上眼睛的轮廓。

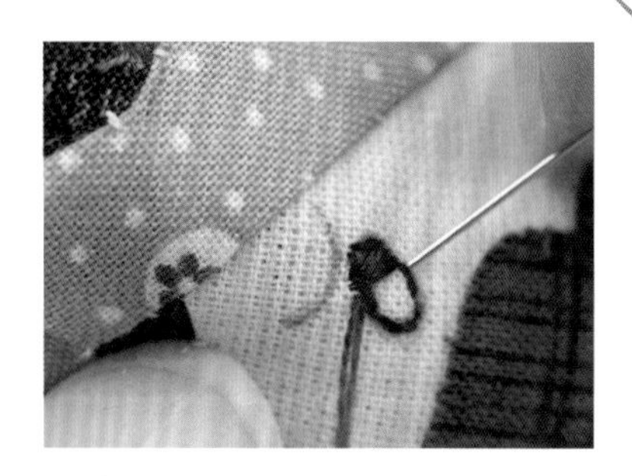

23 轮廓完成，再以双线缎面绣填满。

24 眉毛以单线回针缝完成，眼泪的做法与眼睛相同。

（口金包）

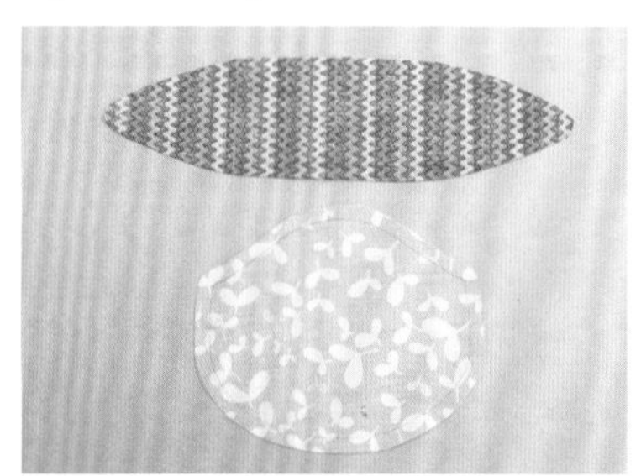

25 将口金包纸型外加缝份0.7cm 裁下。

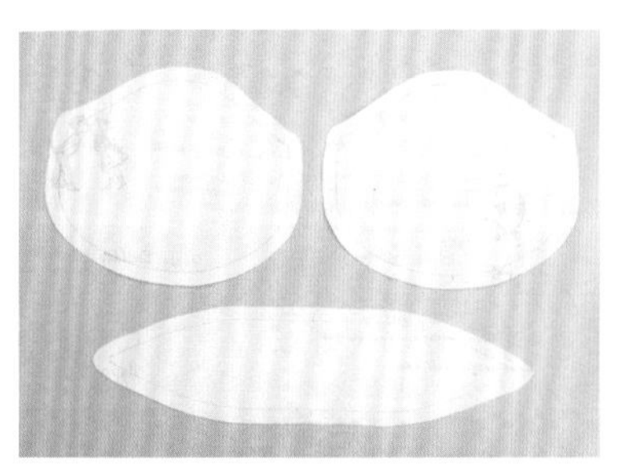

26 里布也外加缝份裁下。

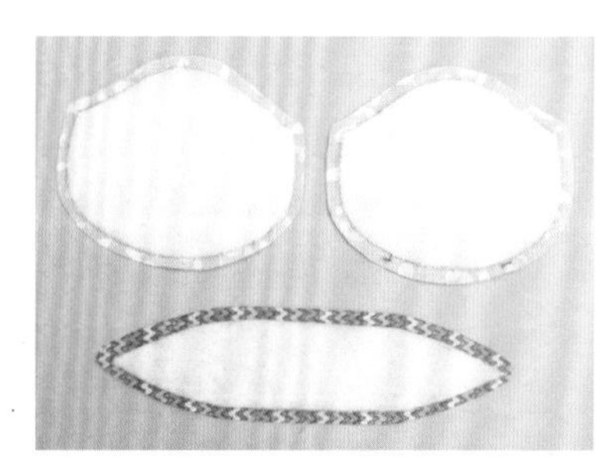

27 表布反面烫上不含缝份的单胶铺棉。

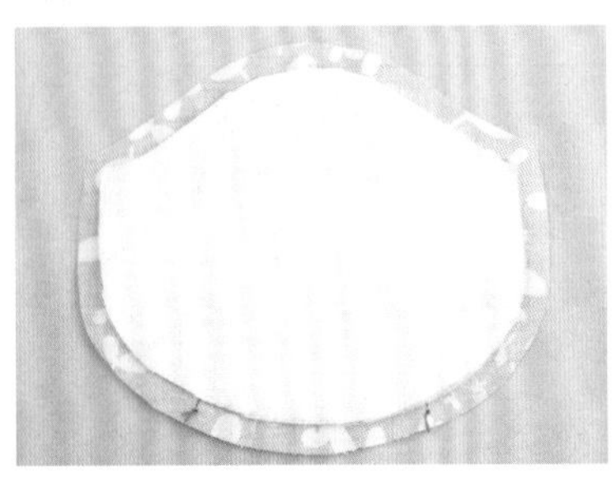

28 表袋布因为要压缝图案，请再烫一层不含缝份的薄布衬。

29 完成压缝及装饰线。

30 合并袋身。先与袋底合对位置缝合。

31 再与另一边袋身拼缝，缝份剪牙口。

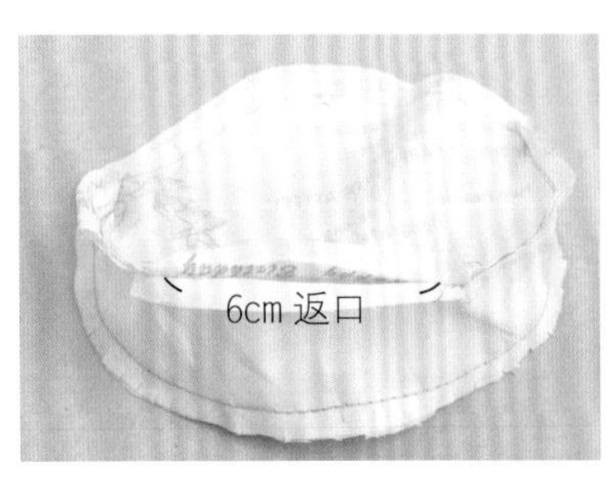

32 里袋同表袋方法拼接，其中一边留约 6cm 返口不缝。

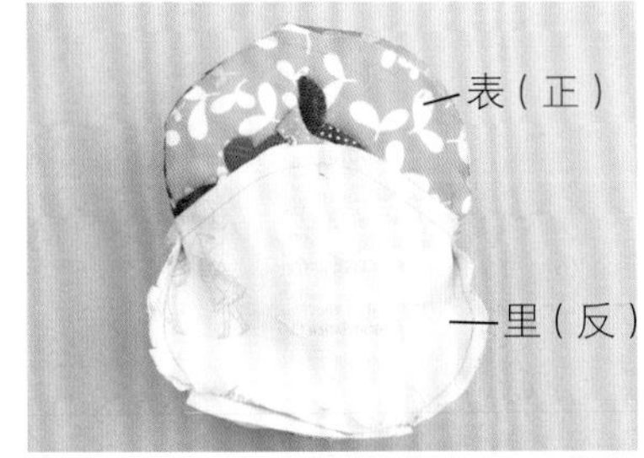

33 表袋翻回正面套入里袋。

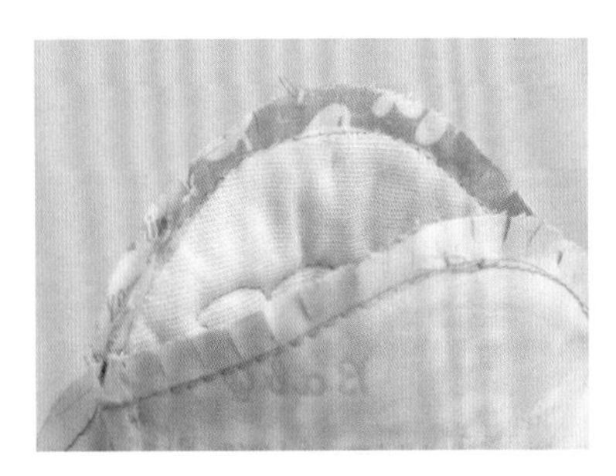

34 缝合袋口一整圈，缝份剪牙口。

35 由返口翻回正面后整顺袋形，再将返口以藏针缝缝合。

36 袋口压缝一整圈。

37 将口金的中心对齐袋口的中心，由袋里收线头，中心处出针，再穿出口金中心孔。

38 将袋口边收入口金边缝合。

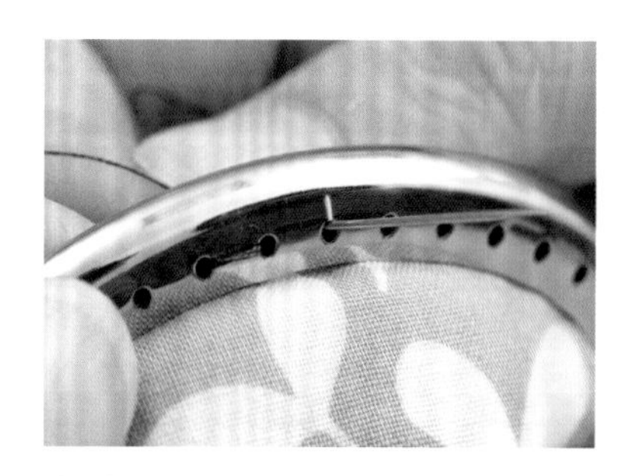

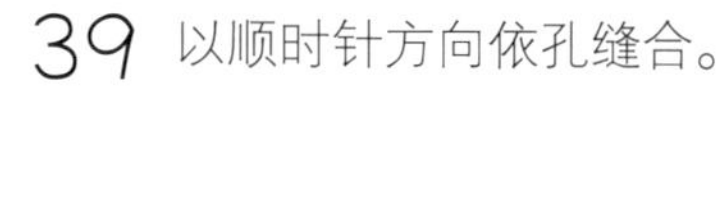

39 以顺时针方向依孔缝合。

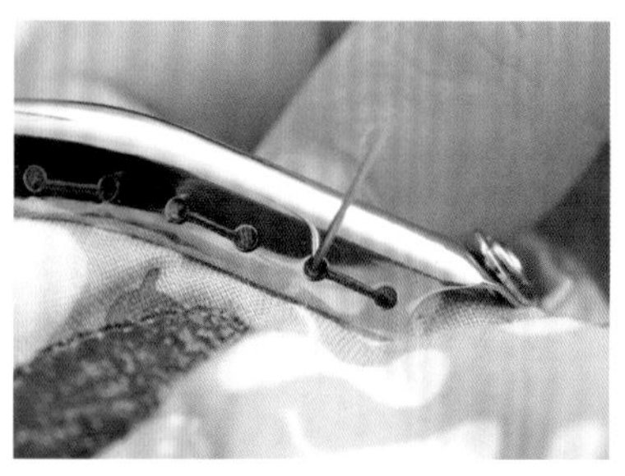

40 缝至最后一孔时再反方向缝满口金的孔。

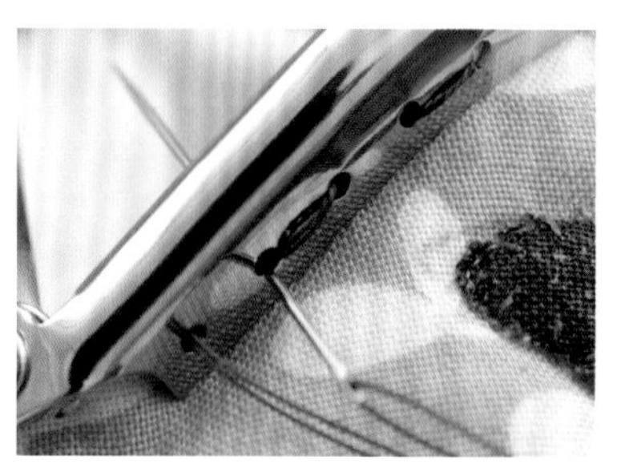

41 过中心点后往左缝至末孔，再反方向缝。

42 缝满口金的孔后，于中心孔打结，再将结从中心孔收入袋里。

完成图。

短夹做法

材料

小木偶图案贴布缝表袋布
表袋里布 14cm×22cm1 片
内袋布 12.5cm×22cm1 片、11cm×91cm1 片
扣襻用布 6cm×9cm2 片
铺棉 6cm×9cm1 片
滚边条 4cm×70cm1 组
磁扣 1 组

HOW TO MAKE

（图一）（单位：cm）※ 已含缝份

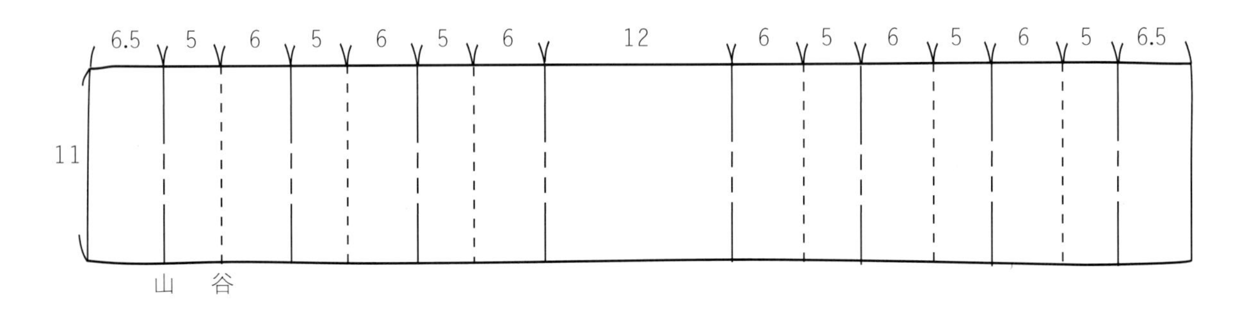

1 将 11cm×91cm 内袋布依图烫褶（图一）。

2 完成烫褶。

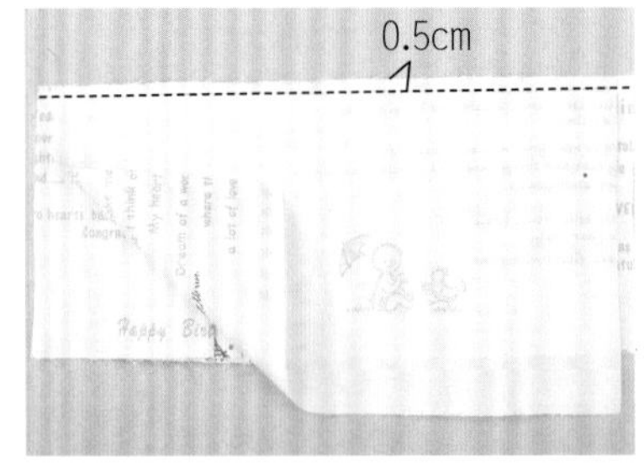

3 再与 12.5cm×22cm 内袋布正面相对上方 0.5cm 处缝合。

4 缝合后将布往上翻开。

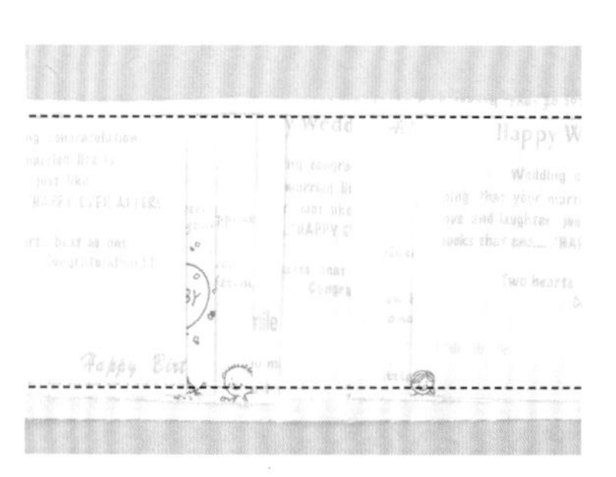

5 再往后将毛边包住，上下两边各压缝一道线固定褶子。

6 将下方多出的布修剪齐。

7 制作扣襻，扣襻布两片正面相对再铺棉，布里画上扣襻的实际尺寸。

8 依记号缝合三层。

9 将铺棉修到靠近缝线，小心不要剪到缝线。

10 将缝份修小，转弯处剪牙口。

11 再从返口翻回正面。

12 周围压缝一道。

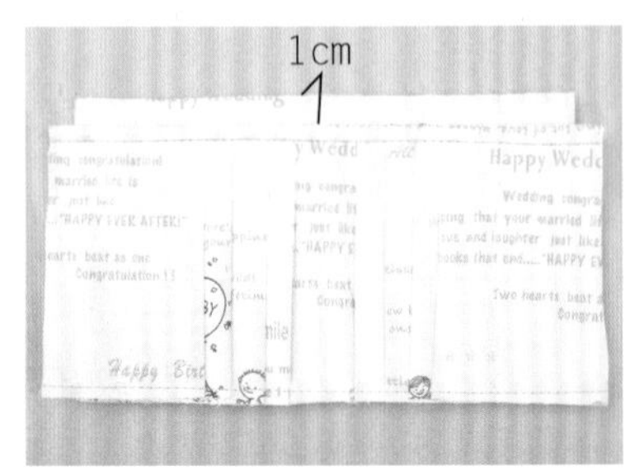

13 表袋贴布并压缝完成，表袋里上方往下 1cm 处做上记号，将内袋口对齐记号并合对中心线。

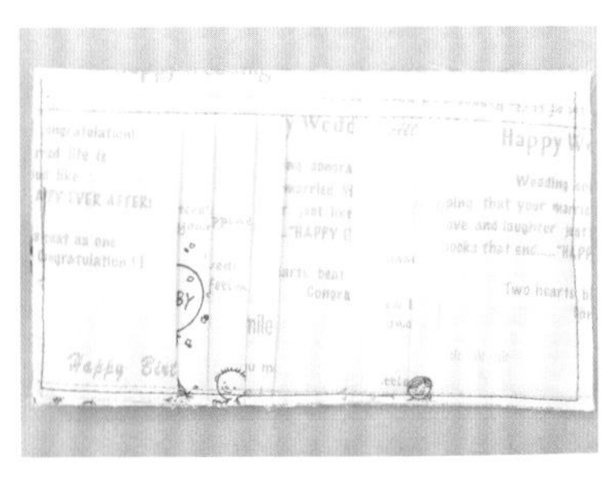

14 将内袋与表袋重叠，疏缝固定三边，多出的内袋修剪齐。

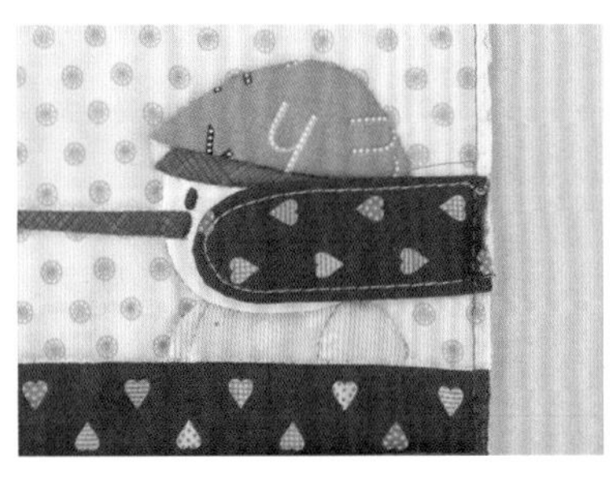

15 翻回正面于中心处疏缝固定扣襻。

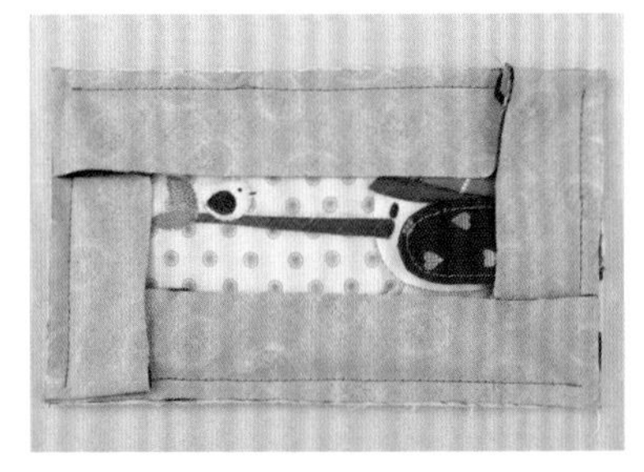

16 整个袋身包缝滚边一整圈。

17 将滚边包缝收起袋身毛边。

18 扣襻及对应处缝上磁扣。

19 完成图。

三层收纳包做法

材料

阿拉丁图案配色布数片

表袋布、里布、薄布衬 13cm×20cm 各 2片

内袋布 13cm×23cm2片

薄布衬 13cm×11.5cm2片

4cm×70cm 滚边条 2组

26cm 拉链 1 条

HOW TO MAKE

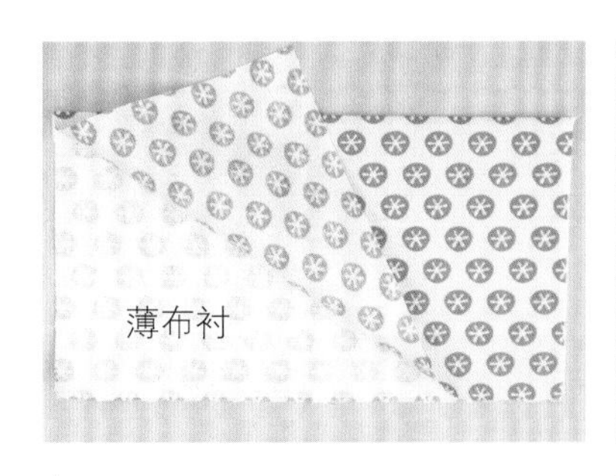

1 先将内袋布长 23cm 的边对折烫好折痕，在其中一边的背面烫上薄布衬，完成 2 个。

2 对折处压缝一道线固定。

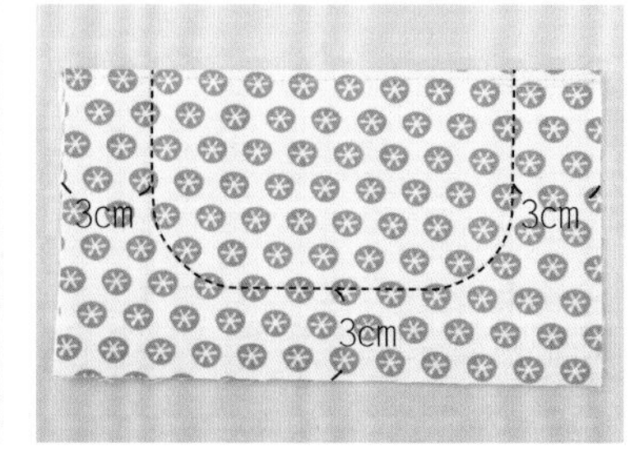

3 依纸型将内袋两部分重叠并车缝中间 U 形线。

HOW TO MAKE

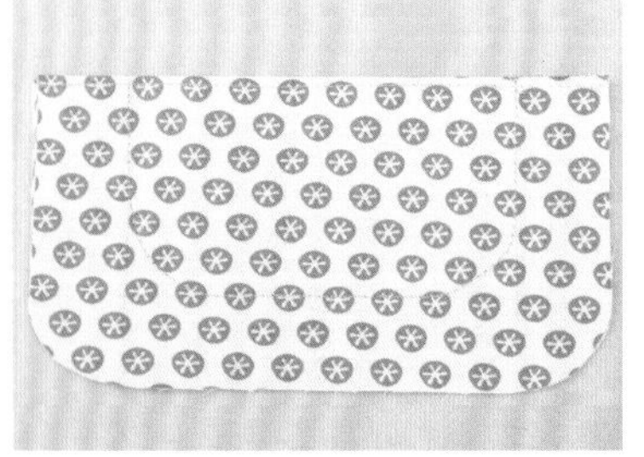

4 将内袋依袋形修好袋底的圆弧部分。

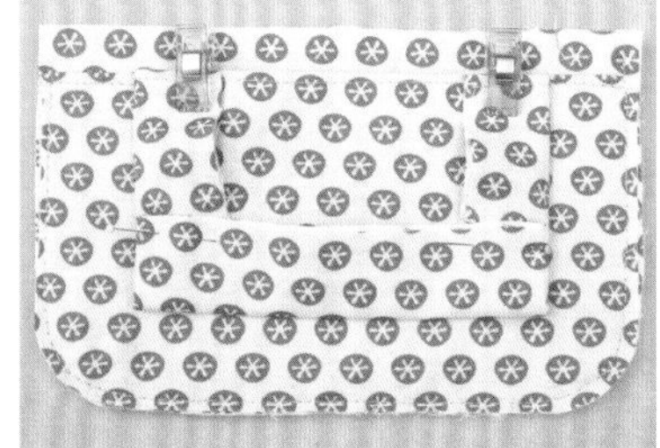

5 如图将一边内袋的左、右、底侧收入并以夹子及珠针暂时固定，另一边内袋对着已完成的表袋疏缝固定。

6 袋身包缝滚边。

7 翻到背面将滚边缝合固定。

8 接着，再用滚边条包缝袋口的毛边。

9 完成的前袋身，再如图将袋身的左、右、底侧收入并以夹子暂时固定。

10 另一边的内袋对好已完成的后袋身，合对位置后疏缝固定。

11 相同做法先用滚边条包缝袋身，再包缝完成袋口。

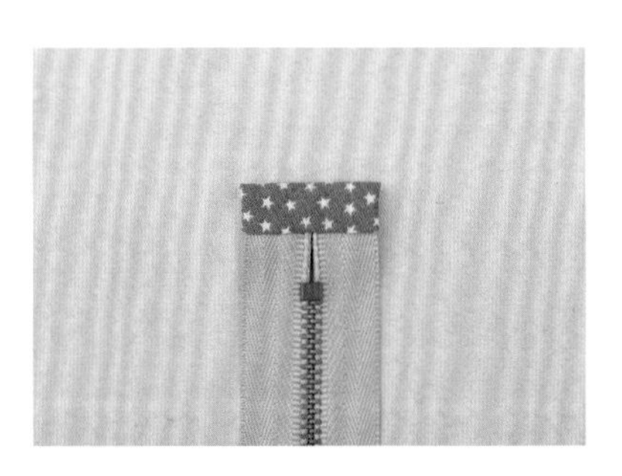

12 拉链尾毛边可以先用滚边条包缝，或缝上装饰扣盖住毛边。

13 袋口两边缝上拉链即完成。

钥匙零钱包做法

材料

白雪公主图案配色布数片
表袋布 14cm×30cm1 片
背袋布 14cm×22cm1 片
里布、薄布衬、单胶铺棉 14cm×30cm 各 1 片
4cm×70cm 滚边条 1 组
直径 8.5cm 手环 1 个
直径 3cm 扁双环钥匙圈数个
20cm 拉链 1 条
蕾丝 15cm1 条

HOW TO MAKE

1 先将背袋布对折烫好，袋口处压缝一道装饰的蕾丝。

2 将外形依纸型含缝份修剪好。

3 放在已完成的表袋背面上，疏缝固定。

HOW TO MAKE

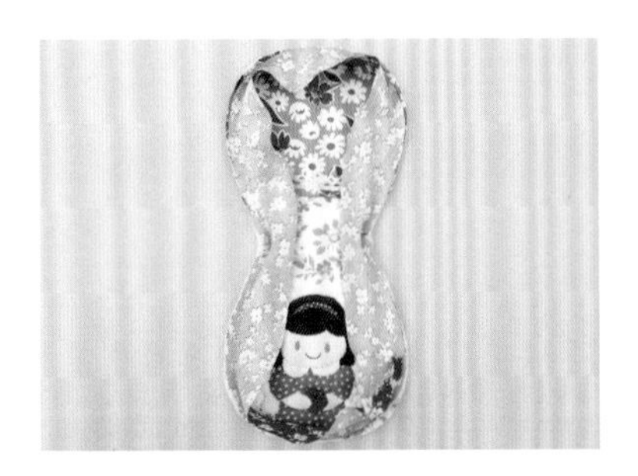

4 再整个缝滚边条。

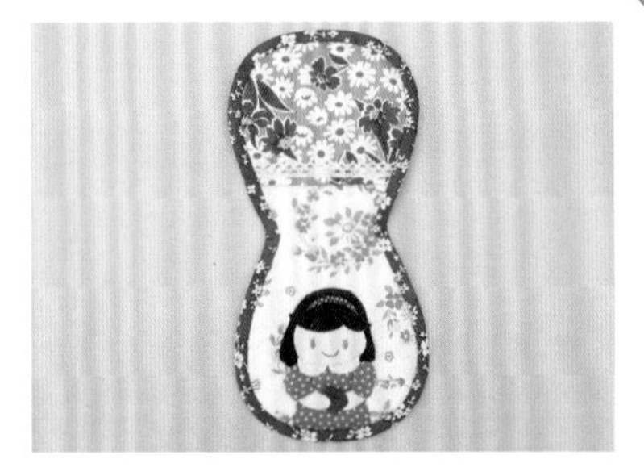

5 将滚边条包缝，收起袋身毛边。

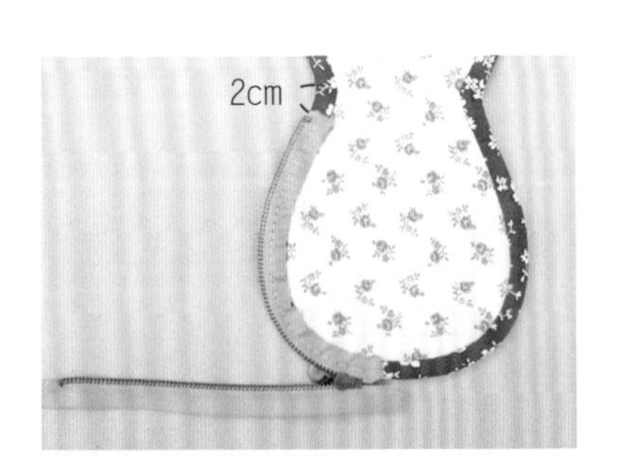

6 在对折处往下 2cm 处开始缝合拉链。

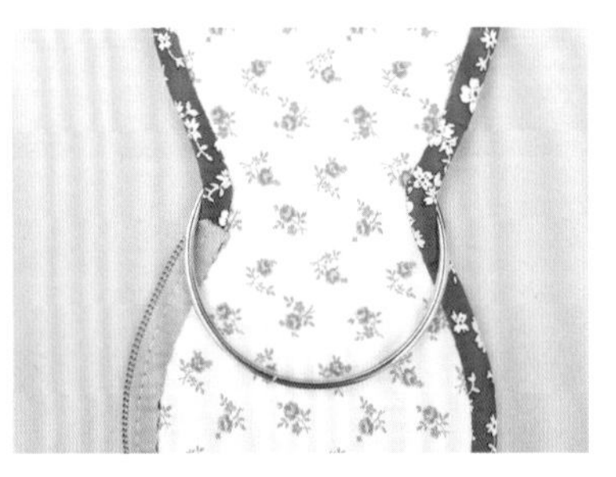

7 完成一边的拉链后，先将袋身穿入手环。

8 再合对位置缝上另一边的拉链。

9 未缝拉链的袋身部分以卷针缝固定即完成。

化妆包做法

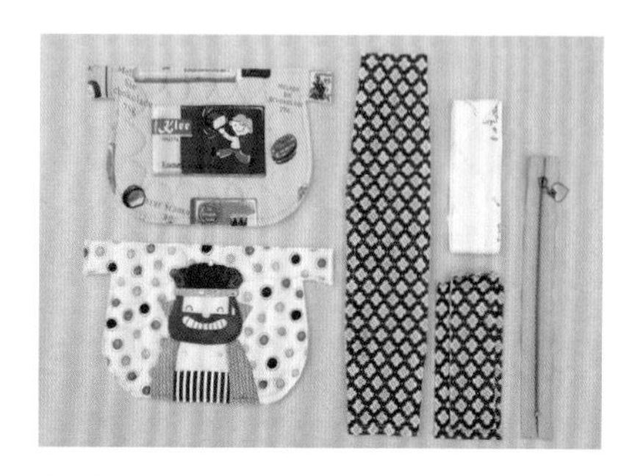

材料

国王的新衣图案配色布数片
前、后表袋布 15cm×25cm，袋底 10cm×35cm
搭配里布、单胶铺棉、薄布衬各 1 份
布耳布（同袋底花布）4cm×6cm2片
袋口滚边条 4cm×25cm2组
26cm 拉链 1条
4cm×60cm 里布滚边条 2组

HOW TO MAKE 

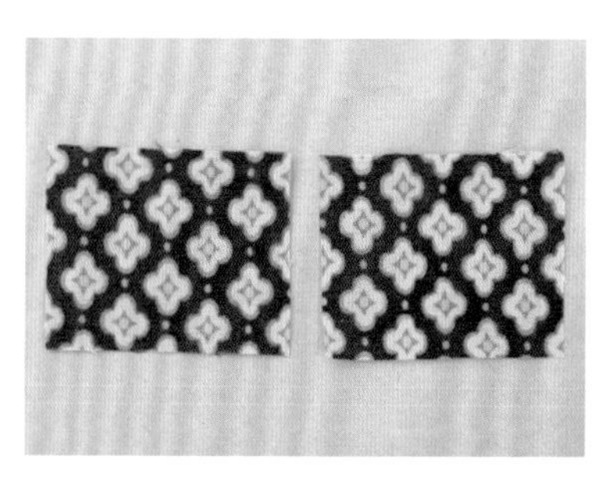

1 裁布耳布 4cm×6cm2片。

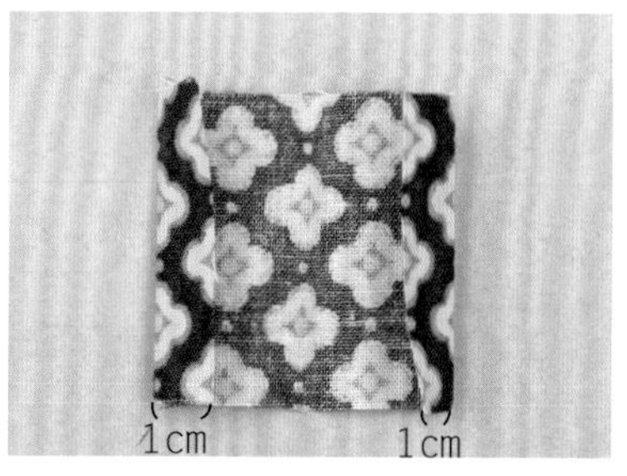

2 左、右侧各折入 1cm 后，再对折烫好。

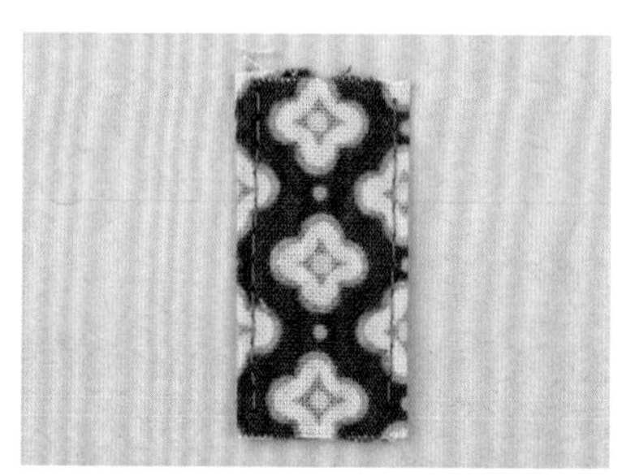

3 烫成 4cm×2cm 后，左、右侧各压缝一道线固定。

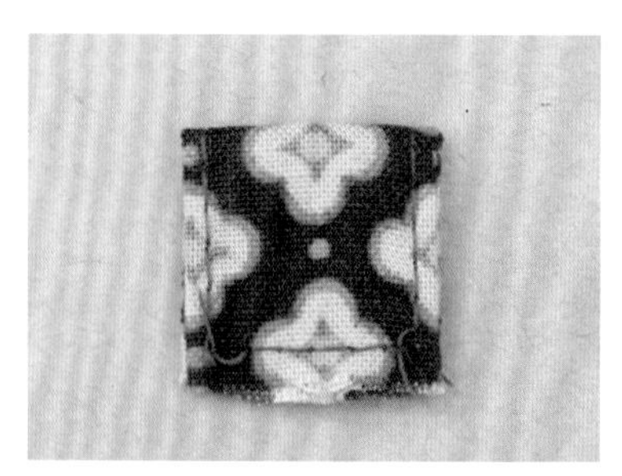

4 再上下对折车缝固定，完成两边拉链头的布耳。

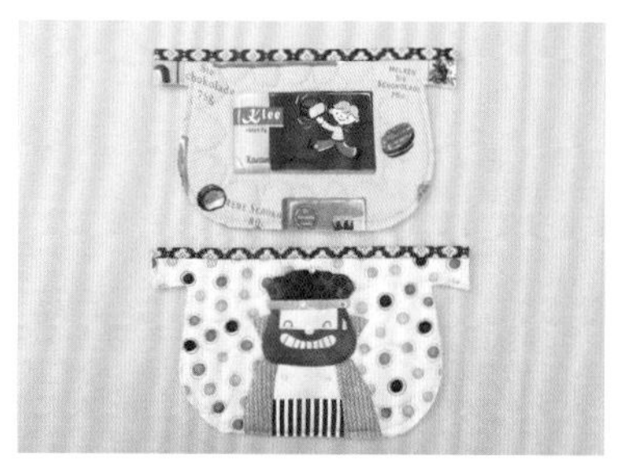

5 已完成的前、后袋身袋口包缝滚边。

6 袋口缝上拉链。

7 拉链头、尾分别疏缝固定布耳。

8 接缝袋底。

9 用里布滚边条包缝毛边。

10 将两侧的毛边都用滚边条包缝，完成。

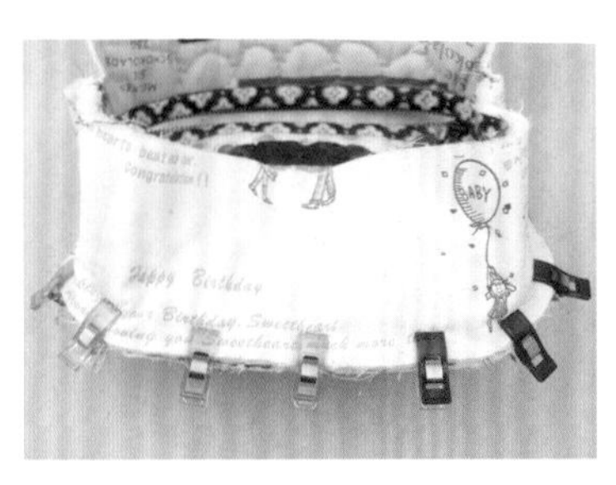

11 前袋身合对袋底中心，以夹子或珠针固定。

12 缝合袋身。

13 袋身毛边以里布滚边条包缝。拉链先拉开，再用相同方法缝合另一边的袋身。

14 完成另一边的袋身后，相同方法包缝毛边，再由袋口翻回正面即完成。

零钱包做法

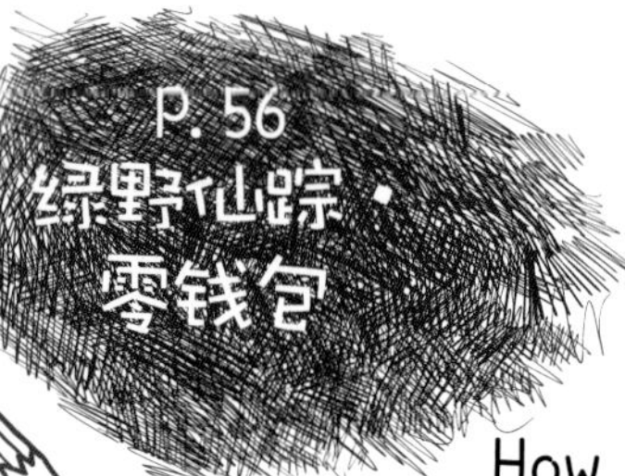

材料

表布 12cm×17cm 2片
素麻布 12cm×17cm 1片
白色布 4cm×8cm
7mm 眼扣 1 对
里布、铺棉、棉布 20cm×17cm 各 1
20cm 拉链 1 条
黑色、咖啡色绣线若干

How to Make

1.

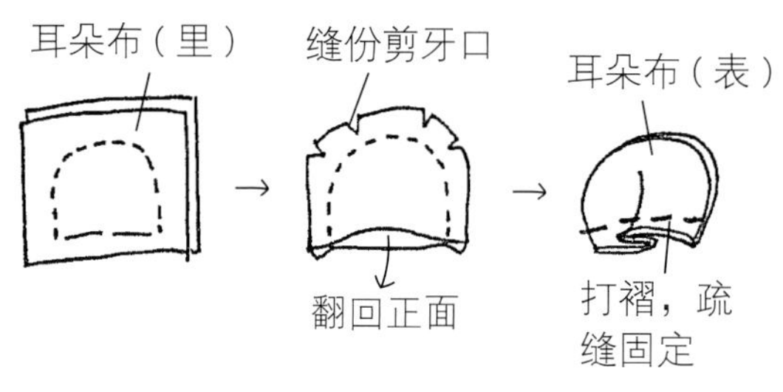

耳朵布正面相对缝合，留下方平边不缝作为返口。从返口翻回正面，打褶后疏缝固定。

2.

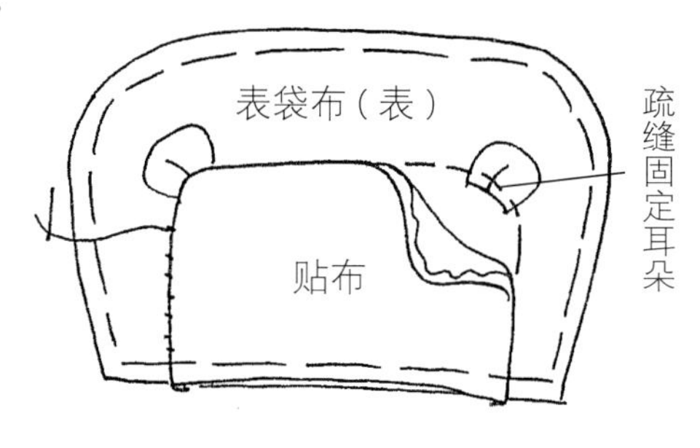

表袋布先疏缝耳朵，再将脸及其他部分贴缝完成。

3.

前、后表袋布正面相对缝合后摊开。

4.

缝合线
表布（里）
铺棉
里布（表）
返口

表布与里布正面相对再铺棉，缝合完成线，留返口不缝，再同“青蛙王子·钥匙包”（P.93）做法完成袋身。

5.

压缝一圈
机绣及压缝
落针压缝

袋身翻回正面后压缝（正面：落针压缝，背面：菱格纹压缝），并将袋身边缘压缝一整圈。

6.

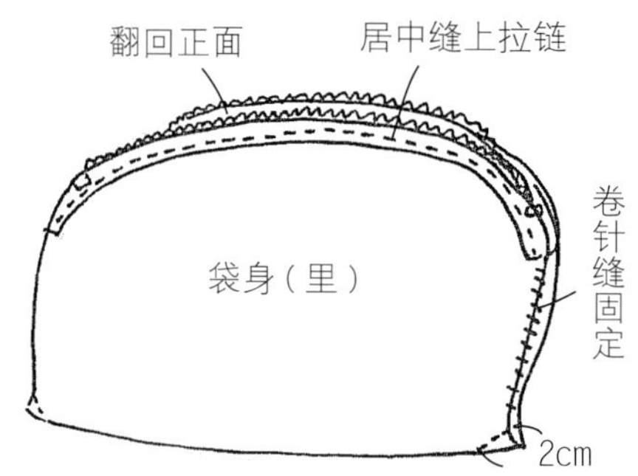

居中缝上拉链后，未上到拉链的袋身以卷针缝固定，再缝合两边袋底 2cm，翻回正面即完成 。

笔袋做法

P.36
·穿长靴的猫·
笔袋

材料

表布、铺棉 30cm×22cm
里布 30cm×26cm
滚边条 4cm×50cm
26cm 拉链 1 条

How to Make

1.

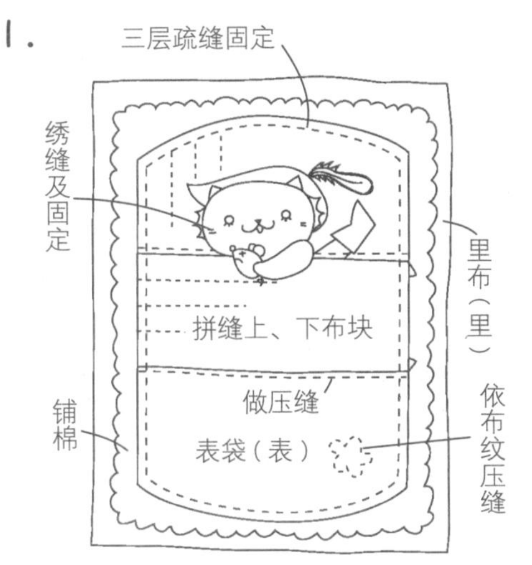

完成表布贴布缝后，铺棉再加里布做三层压缝。

2.

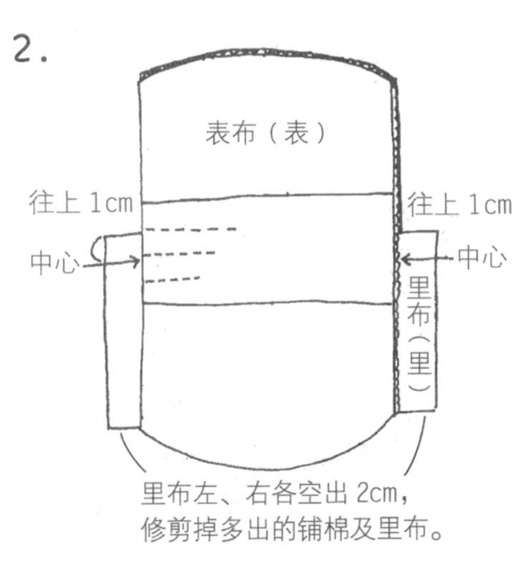

将多出的铺棉修剪掉，里布依图修剪。

3.

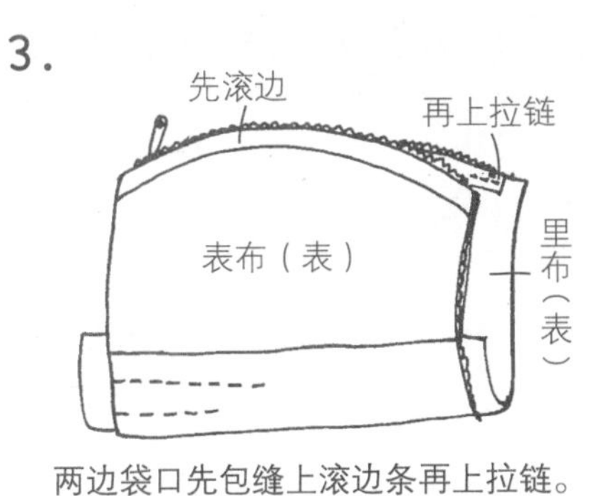

两边袋口先包缝上滚边条再上拉链。

4.

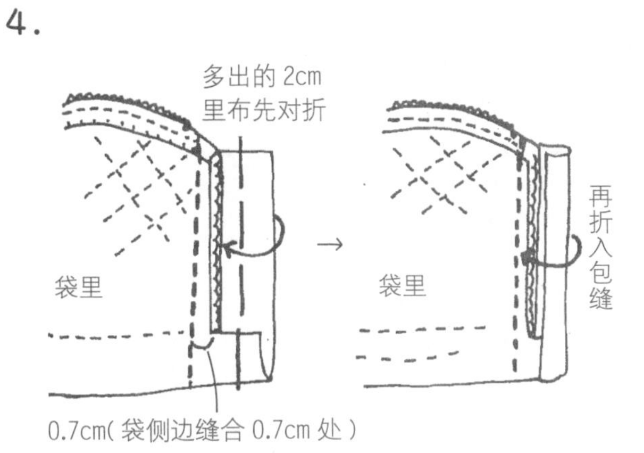

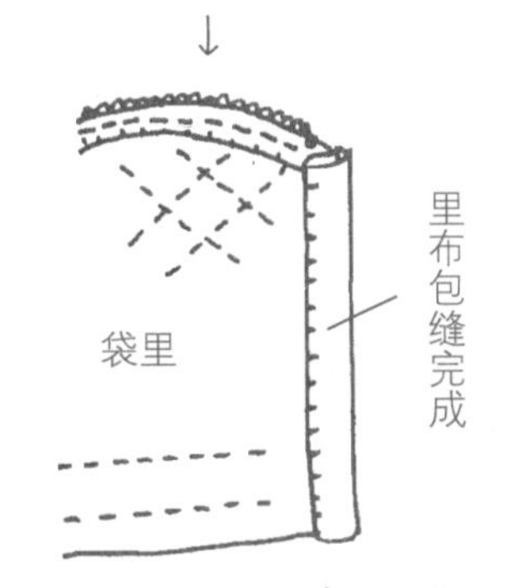

缝合袋侧，将步骤 2 预先留下的里布包缝侧边毛边。

5.

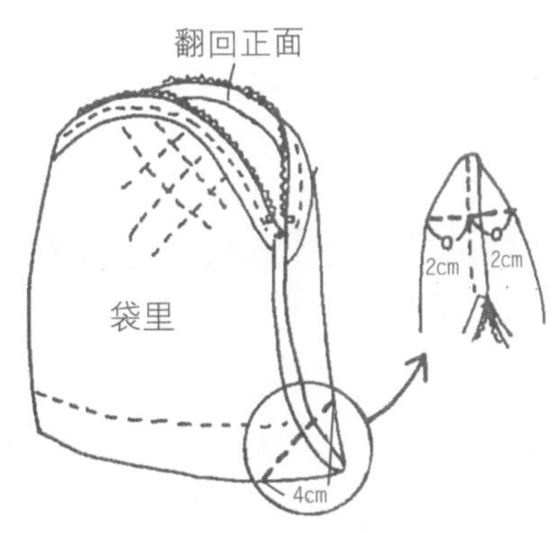

缝合两边袋底 4cm 后，翻回正面即完成。

室内鞋做法

P.10
放羊的孩子·室内鞋

材料

鞋面：棉布、里布 20cm×22cm 各 2片
鞋底：防滑布 27cm×13cm 2片
踩脚布：11cm×20cm 2片
单胶铺棉：适量

How to Make

1.

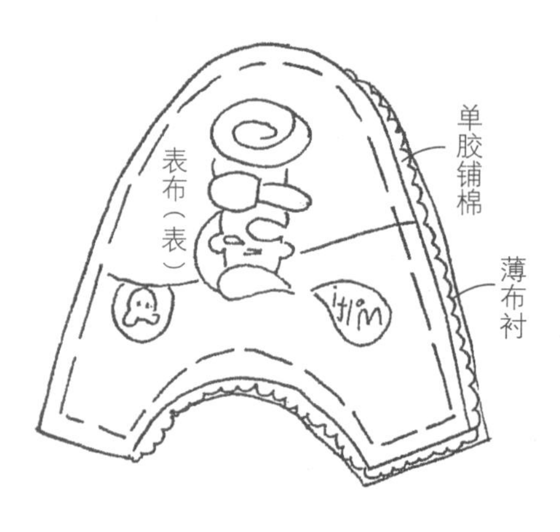

完成表布贴布，烫上单胶铺棉后，再烫上薄布衬，压缝完成室内鞋表面。

2.

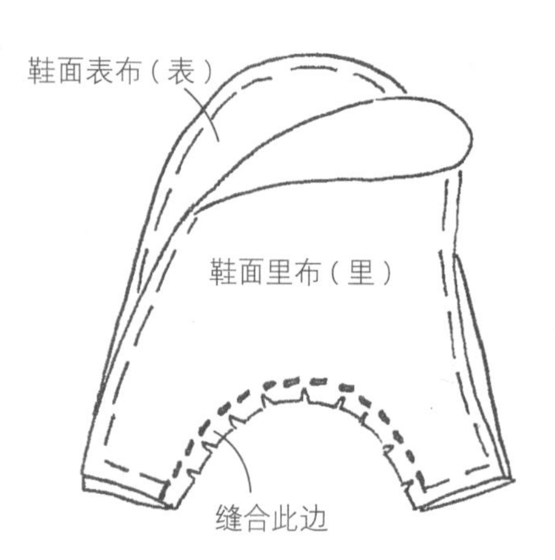

鞋面表布与鞋面里布正面相对缝合鞋口，修去多余的铺棉后翻回正面。

3.

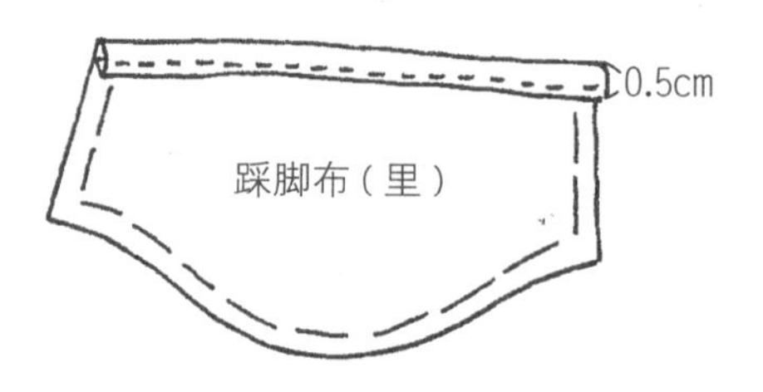

踩脚布平边外加 1cm 缝份，折入 0.5cm 毛边 2 次，压缝一道线固定。

4.

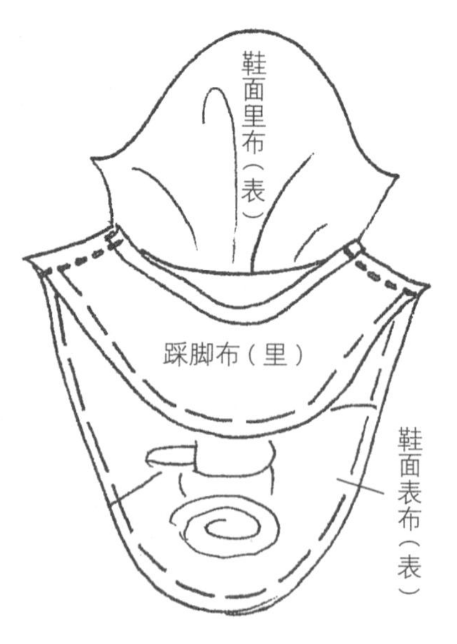

踩脚布与鞋面表布正面相对缝合鞋侧边后摊开。

5.

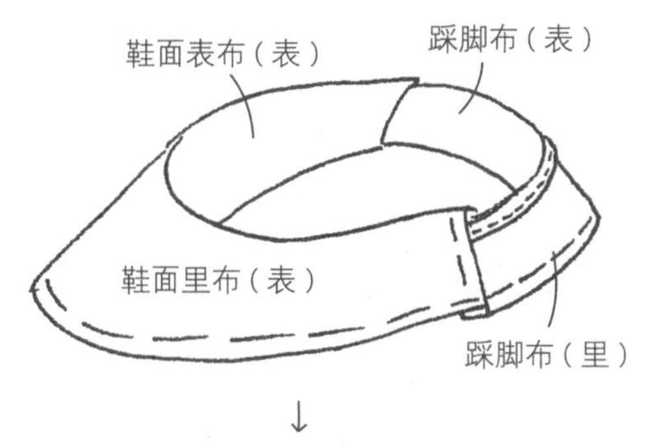

↓

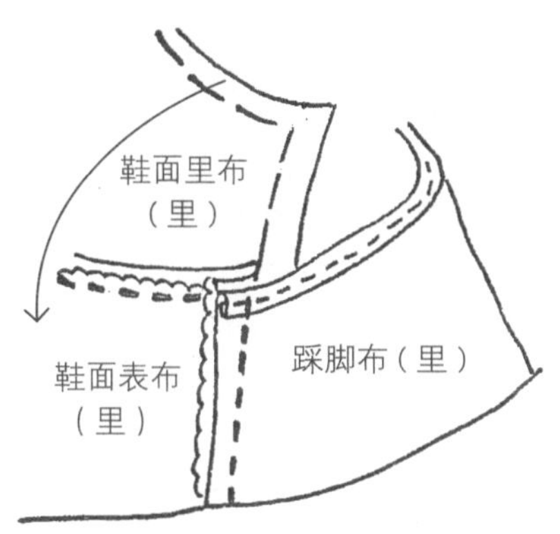

鞋面里布翻回正面，鞋侧边缝份正好盖住毛边。

6.

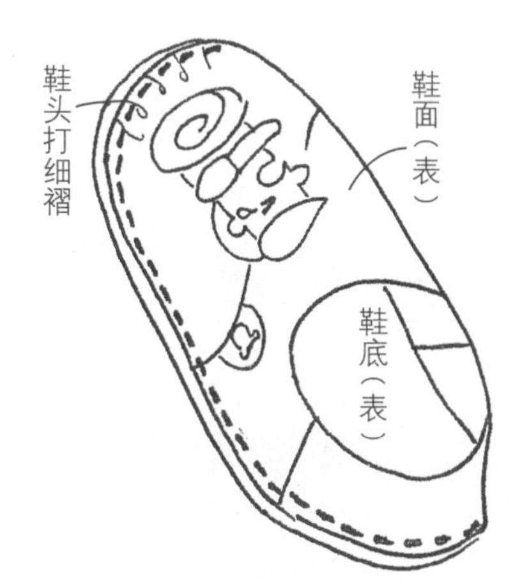

鞋底布烫上单胶铺棉再烫上薄布衬后，放上鞋面缝合一圈，鞋面多出的部分集中在鞋头处打细褶合对鞋底。

7.

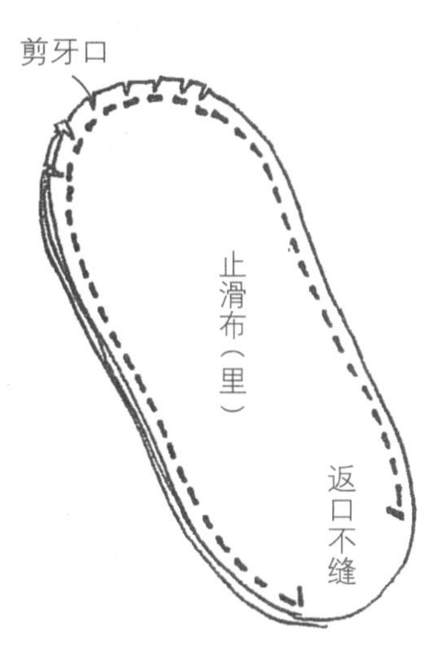

将完成的步骤 6 与止滑布正面相对，留返口后缝合一圈，鞋头缝份剪牙口后由返口翻回正面。

8.

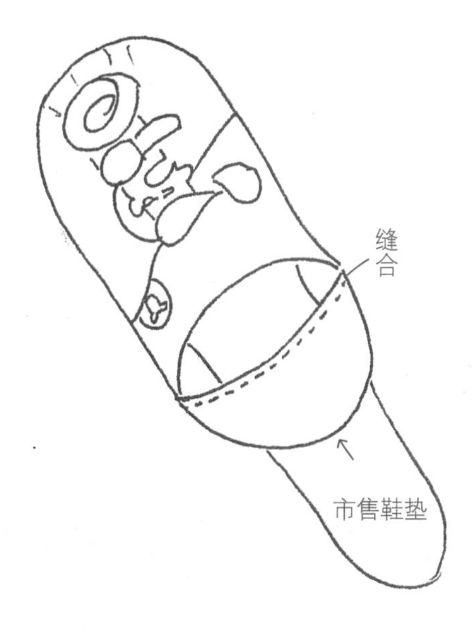

将市售的鞋垫修好形，由返口放入，再缝合返口，踩脚布平边缝在鞋底固定即完成。

相机袋做法

P.50 爱丽丝梦游仙境：毛虫·相机袋

材料

表布、铺棉各 28cm×12cm　　滚边条 4cm×80cm
里布（内袋）51cm×12cm　　其他配色布
33cm 双头拉链 1 条

How to Make

1.

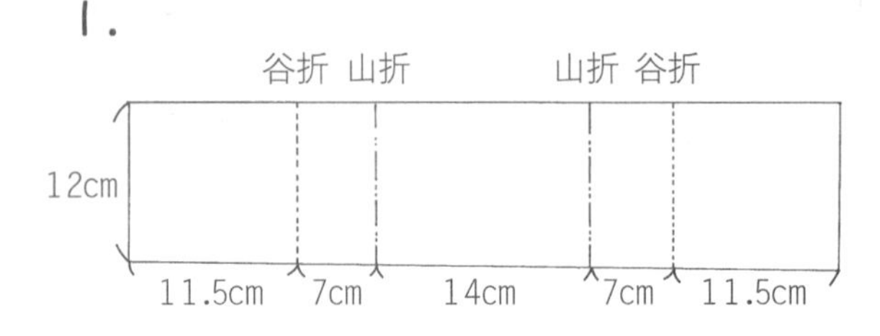

裁 12cm×51cm 里袋布依图尺寸烫折。

2.

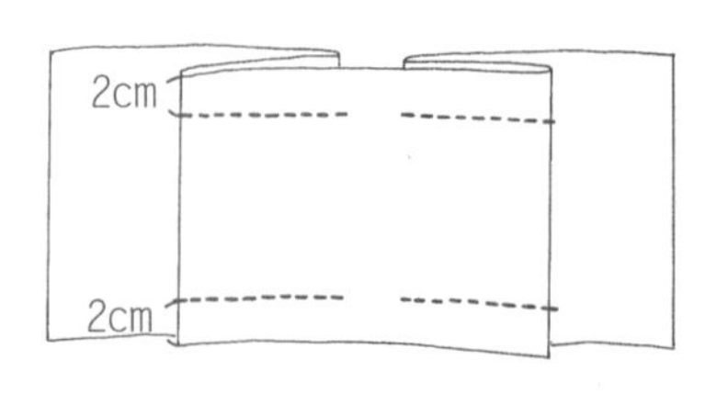

左、右各往内 2cm 处压缝固定褶子。

3.

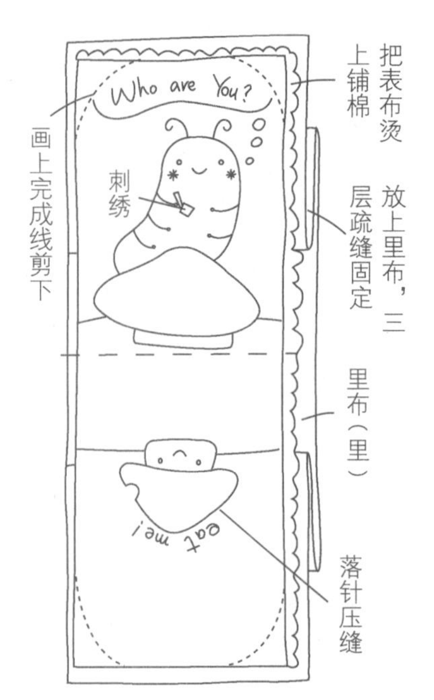

将完成贴布压缝的表布上铺棉后再上里布，三层疏缝固定，依完成线修剪袋形。

4.

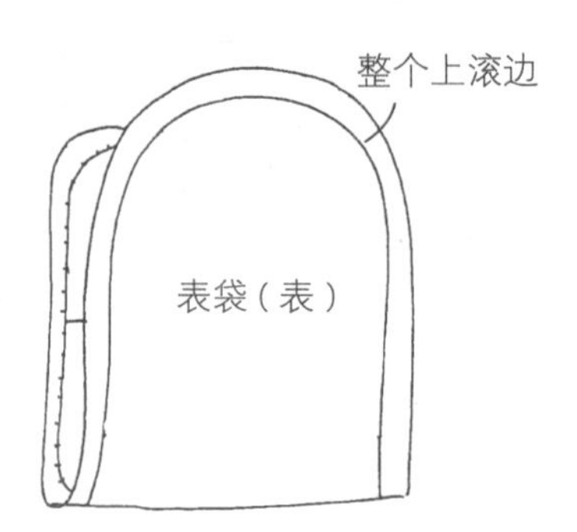

袋身包缝滚边。

5.

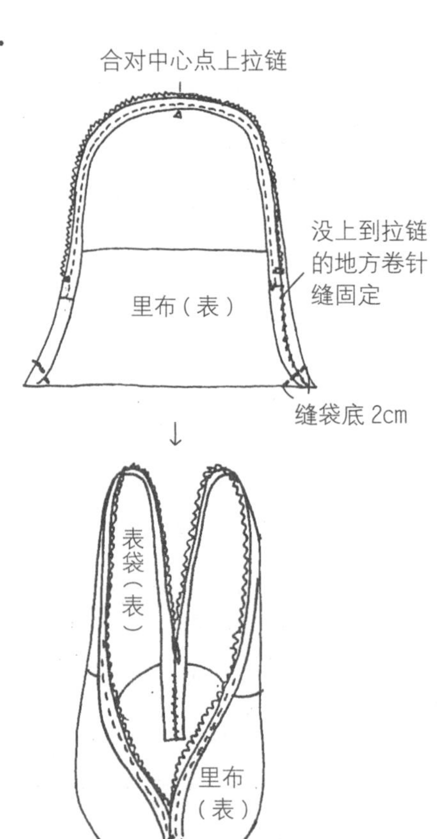

合对中心点位置上好拉链，未上拉链的袋身卷针缝固定，袋底缝合 2cm，翻回正面即完成。

随身卡套做法

P.24
三只小猪·随身卡套

材料

里布、单胶铺棉各 13cm×13cm
背袋 4cm×13cm、11cm×13cm
脸布 6cm×13cm
衣布 3.5cm×13cm
裤布 7cm×13cm、2cm×5cm
桃红布 4cm×4cm
4mm 眼扣 1 对
耳朵布 4.5cm×9cm
缎带 24cm
绣线黑色、桃红色

How to Make

1.

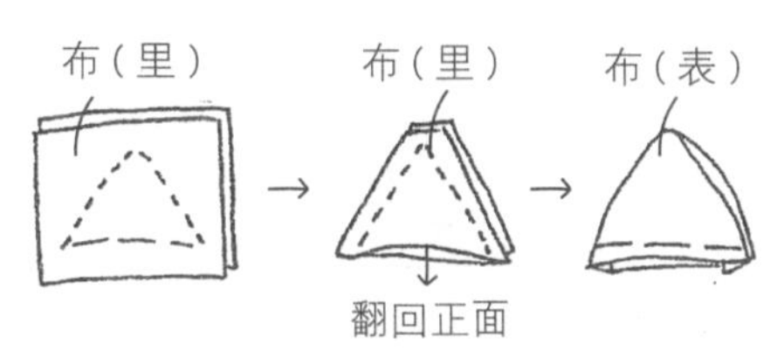

耳朵布正面相对缝合，留下方平边不缝作为返口翻回正面。

2.

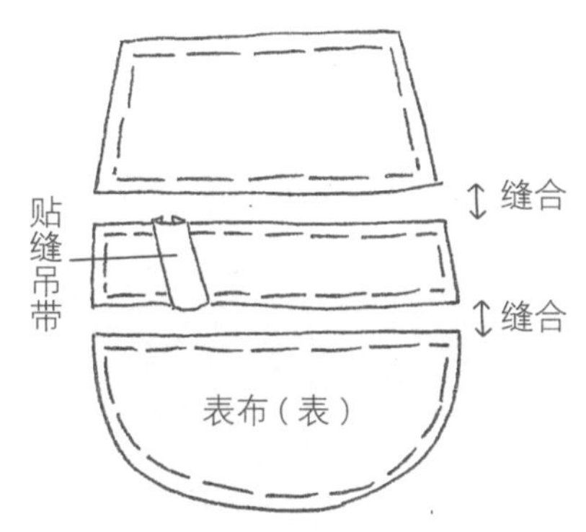

表袋布依纸型外加缝份裁下，先贴缝吊带图案后再合并成一表袋布。

3.

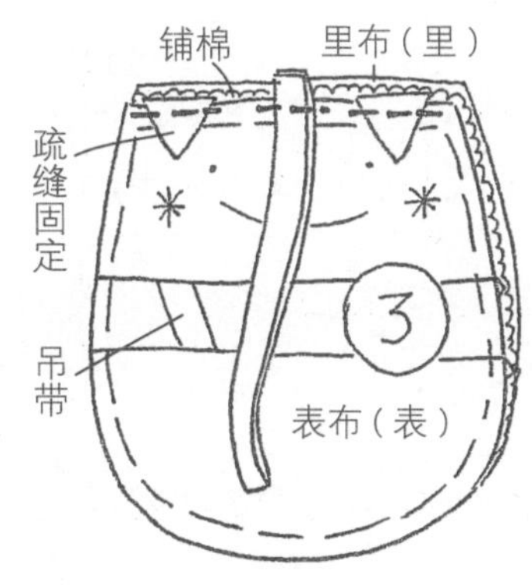

完成的表布烫上单胶铺棉再放上里布后三层压缝完成，疏缝固定耳朵及提绳。

4.

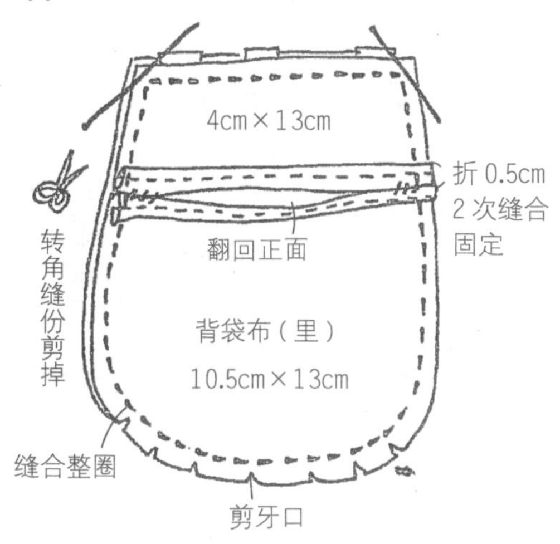

5.

背袋布周围压缝一道线固定即完成。

小提袋做法

材料

表布、铺棉、里布 23cm×26cm 各2片
侧边布、铺棉、里布 12cm×65cm 各1片
口布 44.5cm×5.5cm 2片
35cm 提把 1 对
40cm 拉链 1 条
滚边条 4cm×130cm
薄衬

How to Make

1. （前片）

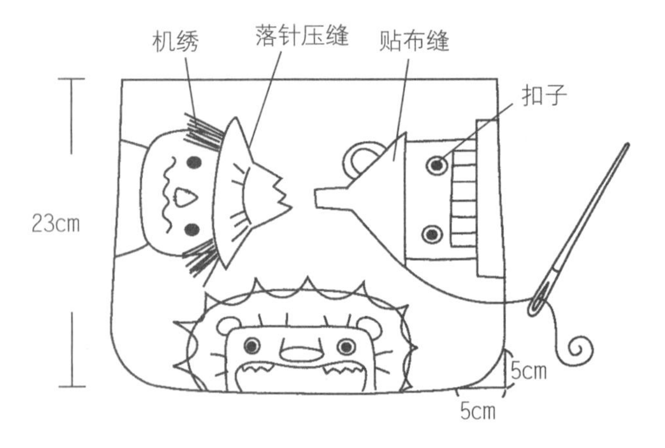

依纸型顺序把贴布完成。

2.

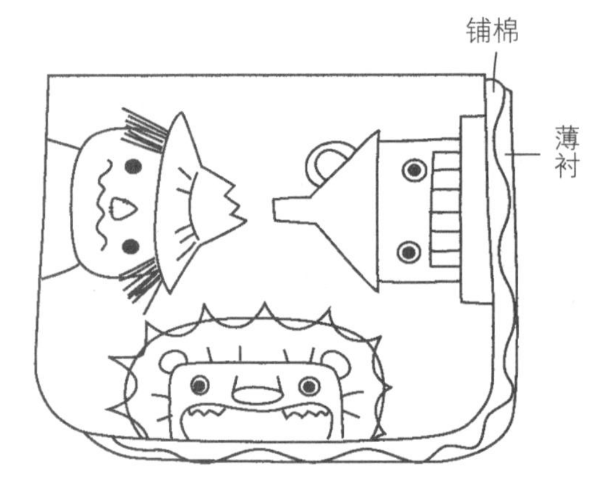

三层压缝后再组合袋身。

3.

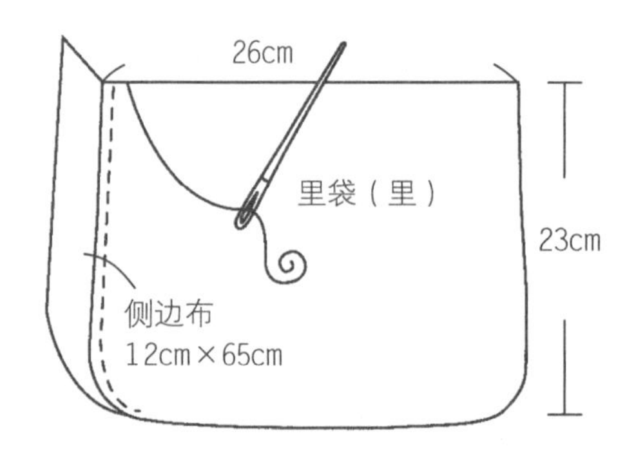

里袋组合袋身，可自由增加内口袋。

4.

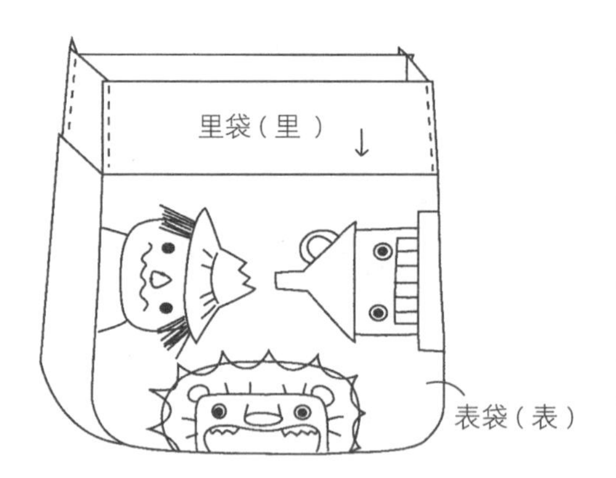

里袋套入表袋后，袋口疏缝固定。

5.（制作口布）

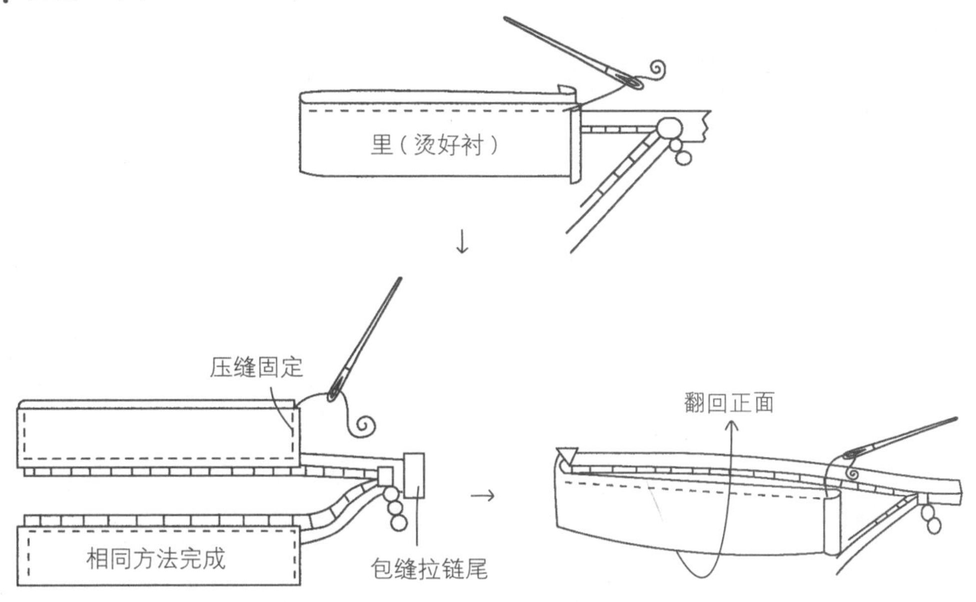

制作口布，将口布烫好衬后，夹入拉链车好备用。

6.

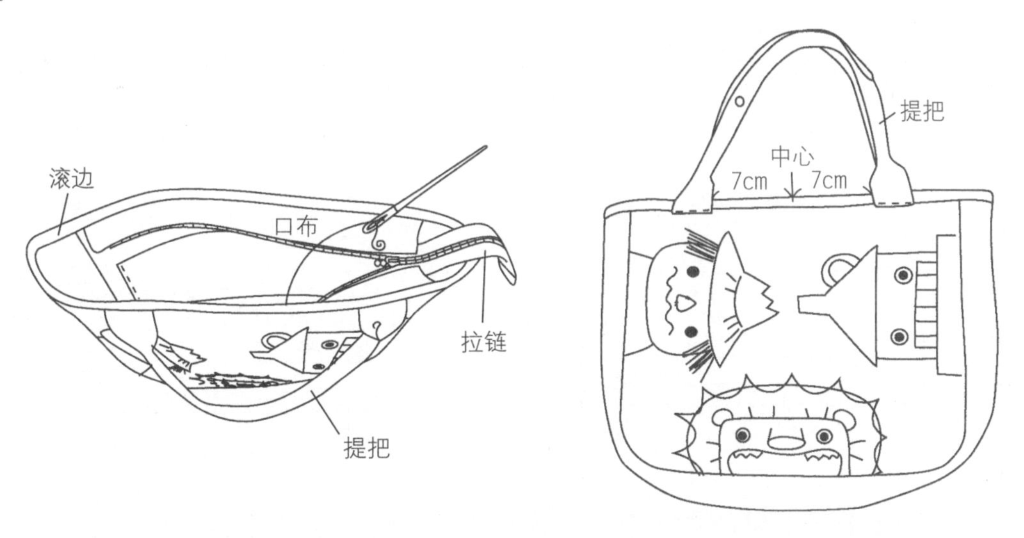

疏缝固定口布及提把，再把整个袋口包缝滚边即完成。

贝壳包做法

材料

表布 18cm×19cm 1片
别布 11cm×19cm 1片
里布、棉布 30cm×21cm 各1片
滚边条 4cm×40cm
20cm 拉链 1 条
其他配色布
缎带 4cm
铺棉

How to Make

1.

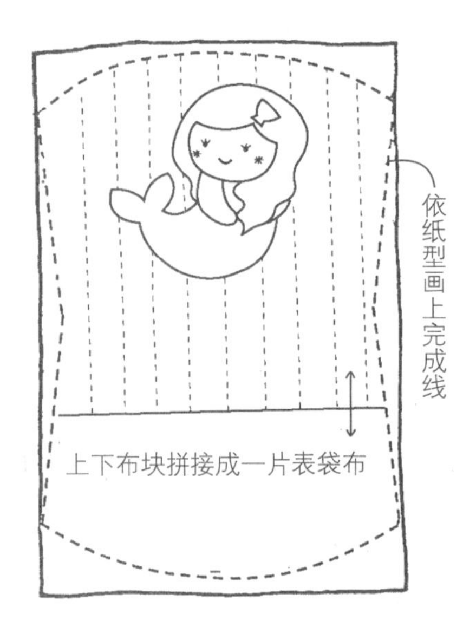

完成表布贴布后与另一片表布拼接成一片。

2.

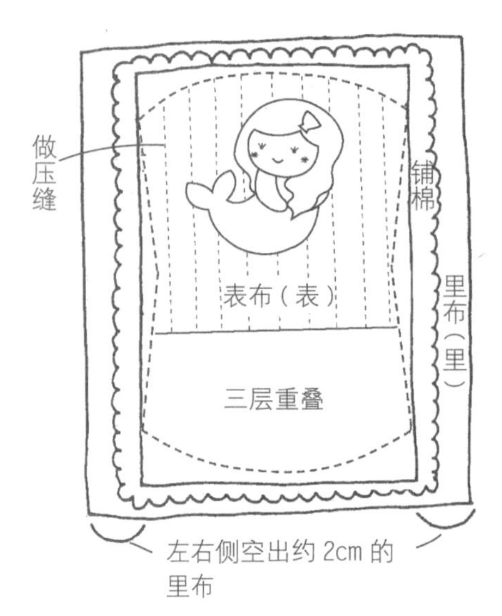

完成的表布做好三层重叠压缝后再铺上里布。

3.

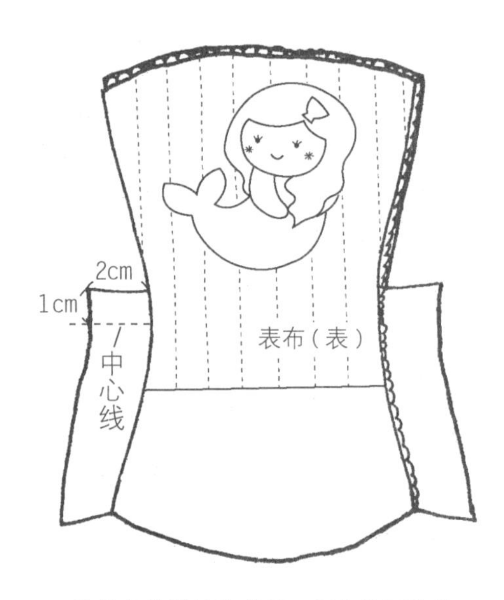

将多出的铺棉修剪掉，里布依图修剪。

4.

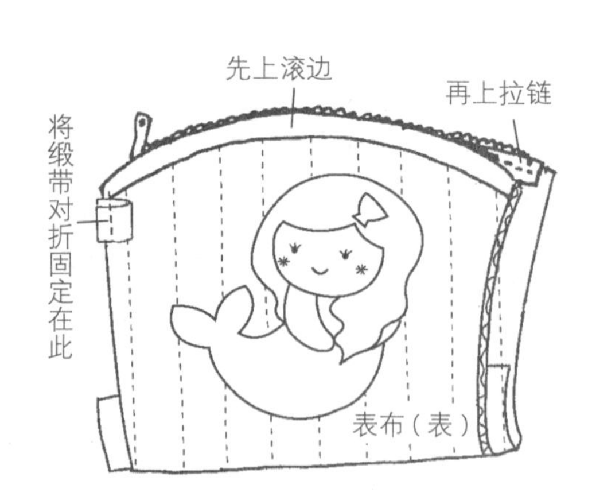

两边袋口先包缝滚边后再上拉链，并将缎带对折固定在袋口处。

5.

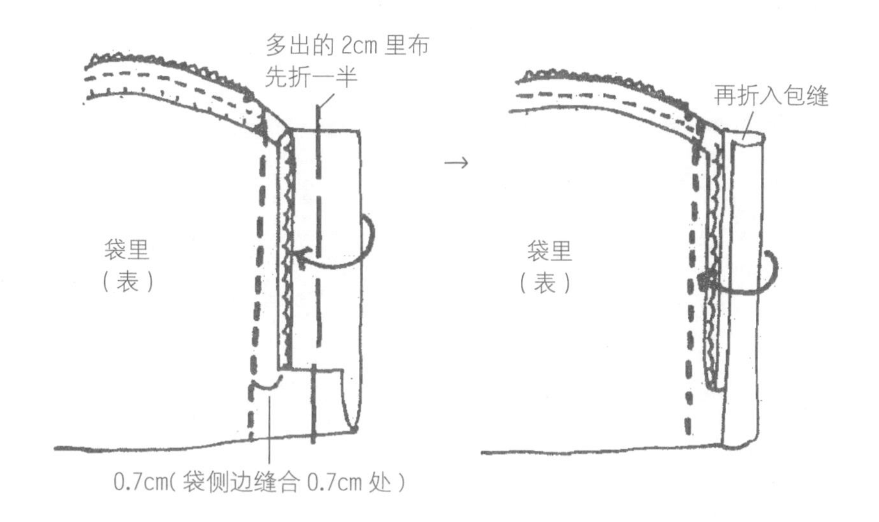

缝合袋侧，将步骤 3 预先留下的里布包缝侧边毛边。

6.

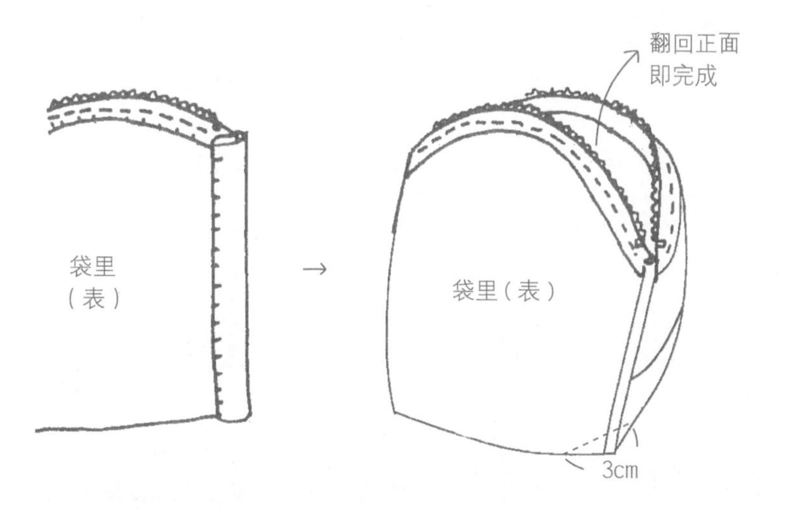

缝合两边袋底 3cm 后，翻回正面即完成。

大提袋做法

材料

表布、铺棉、里布 34cm×40cm 各2片
32cm 提把 1 对
扣襻 1 对（表布 8cm×6cm4片、厚衬 2片）
磁扣 1 组

How to Make

1.

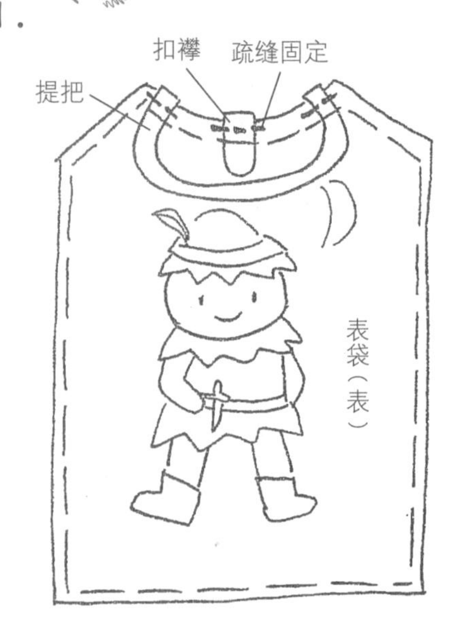

完成表布贴布及铺棉、烫布衬后压缝，袋口疏缝固定提把及扣襻。

2.

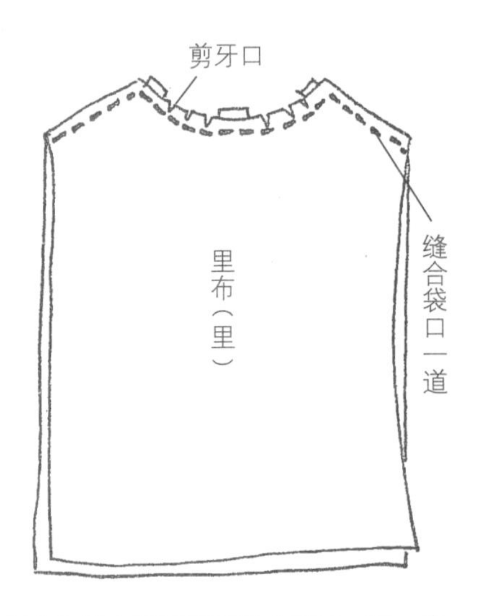

表布与里布正面相对缝合袋口一道，修去缝份的铺棉后将弧度边的缝份处剪牙口，再将袋口翻回正面。

3.

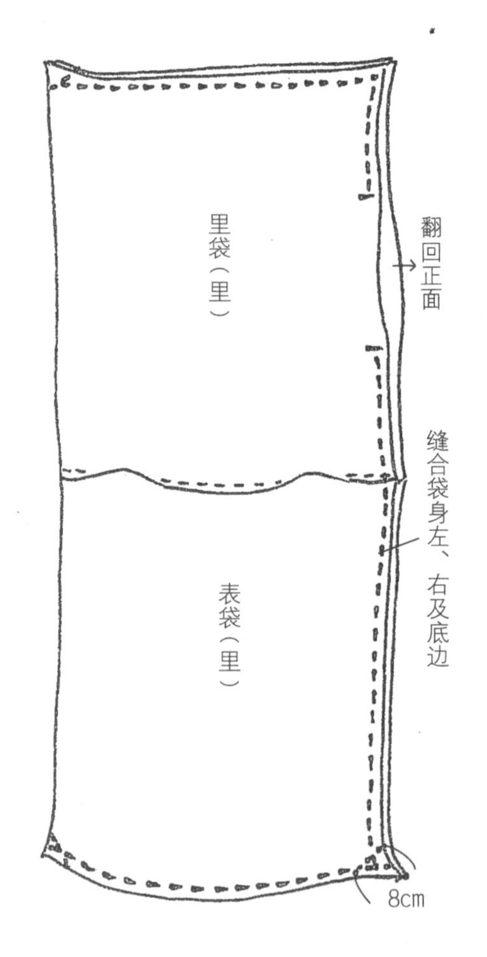

相同方法完成袋身前、后片，正面相对缝合三边（袋身左、右侧边及底边），于里布一边留返口不缝，表袋及里袋分别压缝袋底 8 cm 后由返口翻回正面。

4.

先以藏针缝缝合返口后，再将里袋套入表袋。

5.

袋口压缝一整圈，一起固定住提把及扣襻。

6.

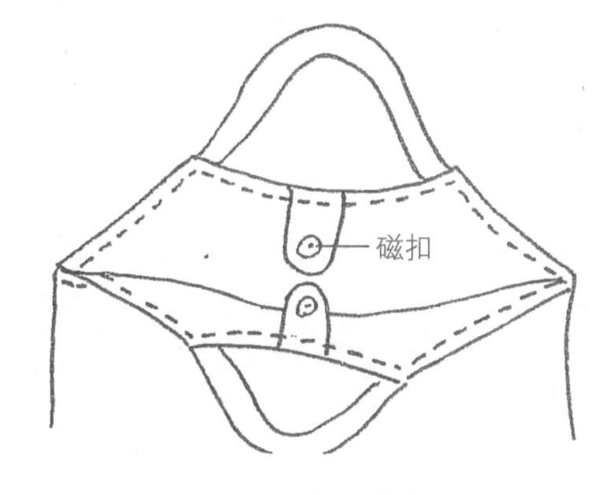

再将扣襻安上磁扣即完成。

眼镜口金包做法

P.34 七只小羊·眼镜口金包

材料

表布、铺棉、里布 22cm×15cm 各 2片
8cm 弧形口金 1 副
其他配色布

How to Make

1.

表布（表）
单胶铺棉（不含缝份）烫上

表布完成贴布后，烫上不含缝份的单胶铺棉，再烫上薄布衬完成压缝。

2.

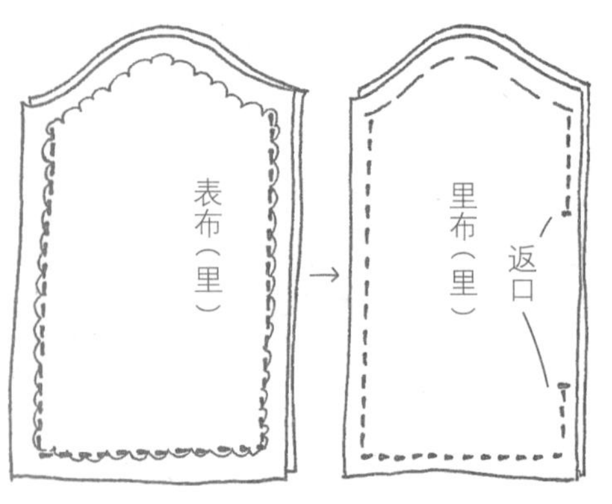

表布及里布分别正面相对缝合三边，里布在袋侧边要留约 6cm 返口不缝。

3.

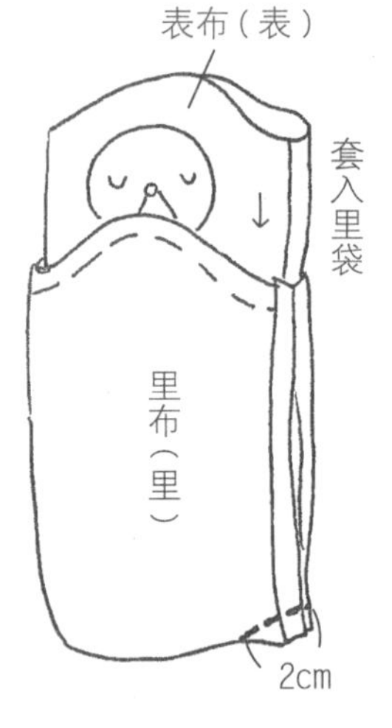

表、里袋分别缝袋底 2cm，再将表袋翻回正面后套入里袋。

4.

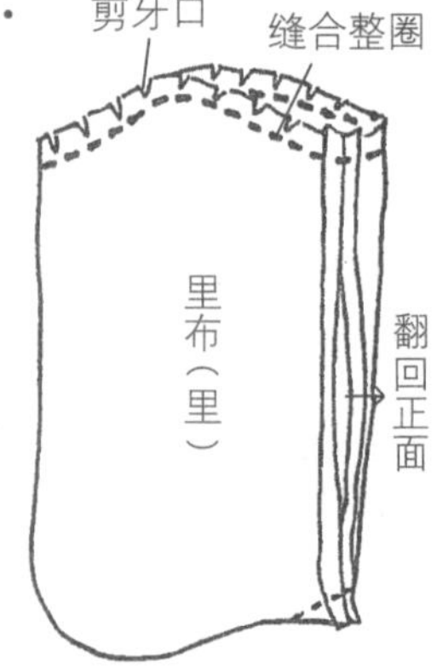

表、里袋正面相对缝合袋口一整圈，缝份剪牙口后，由返口翻回正面。

5.

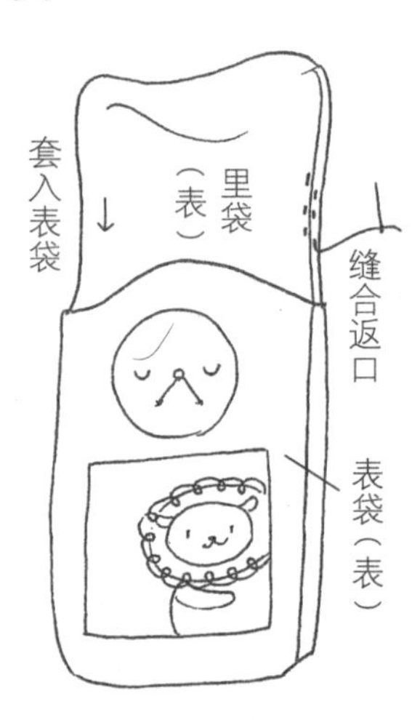

藏针缝缝合返口后，将里袋套入表袋。

6.

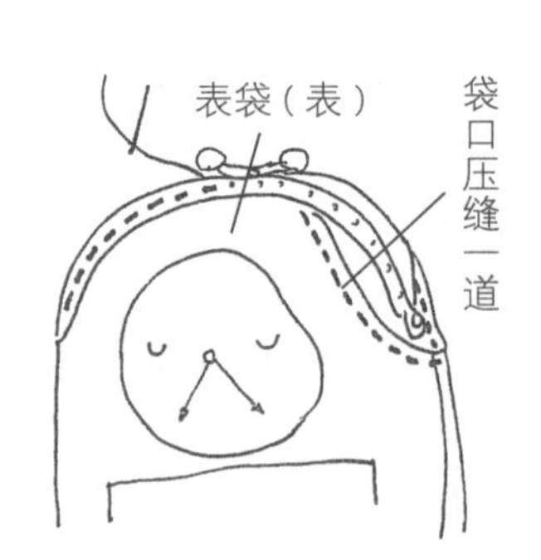

将袋口压缝一道，再缝合口金，即完成。

钥匙包做法

P.28 青蛙王子·钥匙包

材料

表布、里布、铺棉 13cm×11cm 各2片
红花布 4cm×4cm
黄花布 4cm×8cm
12mm 眼扣 1 对
蜡绳 22cm
钥匙圈 1个
绣线黑色

How to Make

1.

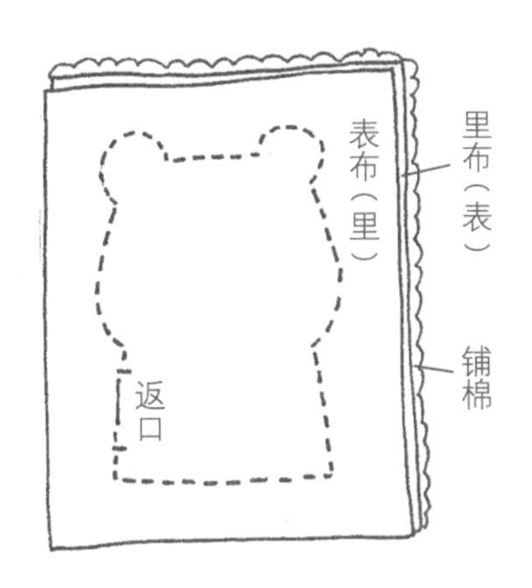

表布及里布正面相对再铺棉，缝合袋身留返口不缝。

2.

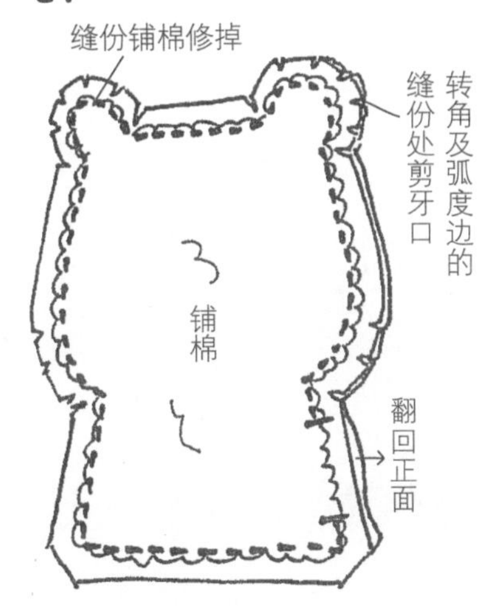

缝份的铺棉剪去，并将转角及弧度边的缝份修剪，再由返口翻回正面，相同方法完成前、后片。

3.

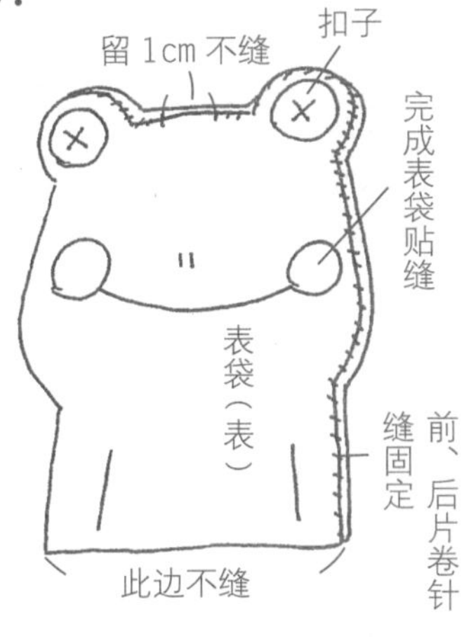

完成前袋身的面，前、后片袋身以卷针缝固定，袋顶中心 1cm 及下方平边不做卷针缝。

4.

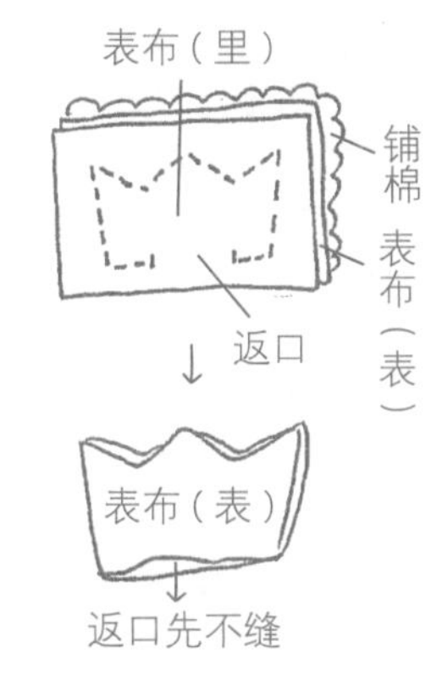

王冠布两片正面相对缝合，下方平边留返口不缝，一样修去多余的铺棉及缝份后翻回正面，但返口先不缝合。

5.

蜡绳约 25cm 穿入钥匙圈后，绳子头尾合并由袋身下方穿入，从袋顶中心 1cm 处穿出，再将它放入王冠返口后，缝合返口即完成。

著作权合同登记号：图字16—2012—026

图书在版编目(CIP)数据

超可爱贴布缝的童话王国 / 徐铧祯著. — 郑州：河南科学技术出版社，2012.9

ISBN 978-7-5349-5839-7

Ⅰ.①超…　Ⅱ.①徐…　Ⅲ.①布料－手工艺品－制作　Ⅳ.①TS973.5

中国版本图书馆CIP数据核字(2012)第137658号

出版发行：河南科学技术出版社

地址：郑州市经五路66号　　邮编：450002

电话：（0371）65737028　　65788613

网址：www.hnstp.cn

策划编辑：刘　欣

责任编辑：梁莹莹

责任校对：柯　姣

封面设计：张　伟

责任印制：张艳芳

印　　刷：北京盛通印刷股份有限公司

经　　销：全国新华书店

幅面尺寸：190 mm×260 mm　　印张：6　　字数：100千字

版　　次：2012 年 9 月第 1 版　　2012年 9月第 1 次印刷

定　　价：30.00元

如发现印、装质量问题，影响阅读，请与出版社联系调换。

请沿此虚线剪下，传真或直接寄回

超可爱贴布缝的童话王国

4 5 0 0 0 2

寄： 郑州市经五路66号

河南科学技术出版社对外合作部　　收

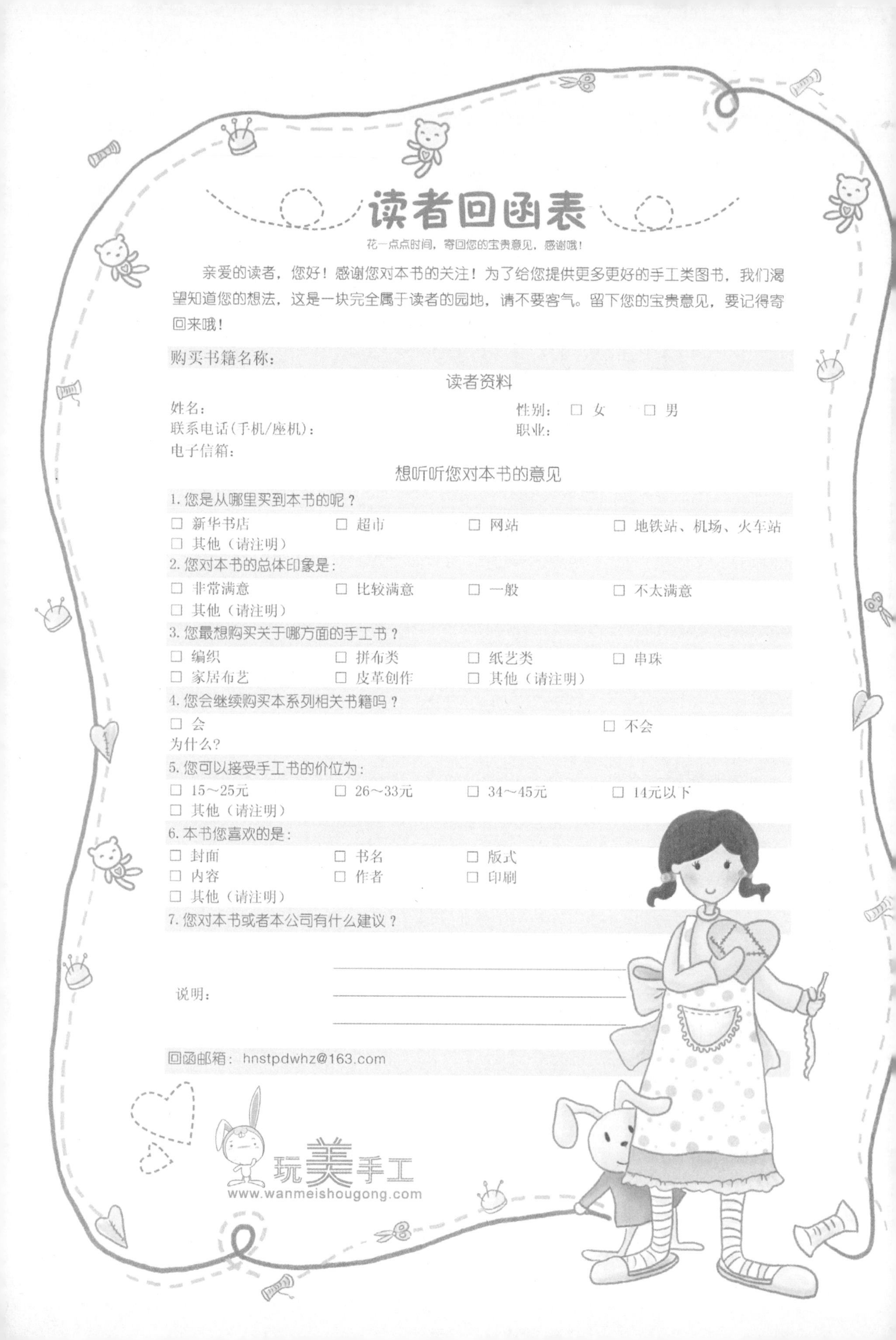

读者回函表

花一点点时间，寄回您的宝贵意见，感谢哦！

亲爱的读者，您好！感谢您对本书的关注！为了给您提供更多更好的手工类图书，我们渴望知道您的想法，这是一块完全属于读者的园地，请不要客气。留下您的宝贵意见，要记得寄回来哦！

购买书籍名称：

读者资料

姓名： 性别：☐ 女 ☐ 男

联系电话（手机/座机）： 职业：

电子信箱：

想听听您对本书的意见

1. 您是从哪里买到本书的呢？

☐ 新华书店 ☐ 超市 ☐ 网站 ☐ 地铁站、机场、火车站

☐ 其他（请注明）

2. 您对本书的总体印象是：

☐ 非常满意 ☐ 比较满意 ☐ 一般 ☐ 不太满意

☐ 其他（请注明）

3. 您最想购买关于哪方面的手工书？

☐ 编织 ☐ 拼布类 ☐ 纸艺类 ☐ 串珠

☐ 家居布艺 ☐ 皮革创作 ☐ 其他（请注明）

4. 您会继续购买本系列相关书籍吗？

☐ 会 ☐ 不会

为什么？

5. 您可以接受手工书的价位为：

☐ 15～25元 ☐ 26～33元 ☐ 34～45元 ☐ 14元以下

☐ 其他（请注明）

6. 本书您喜欢的是：

☐ 封面 ☐ 书名 ☐ 版式

☐ 内容 ☐ 作者 ☐ 印刷

☐ 其他（请注明）

7. 您对本书或者本公司有什么建议？

说明：

回函邮箱：hnstpdwhz@163.com